도전
기후변화

#2분슈퍼영웅에게
리지, 팀 웨슨, 데이지, 로리사와 워커북스에 계신 모든 분들
니키, 돌리, 조디, 제이크, 클레어, 헤더, 앨런, 탭, 애덤, 멜빈, 케이트, 앤디, 에마,
그리고 멋쟁이 2분팀 여러분, #2분 해변청소 가족 여러분께
크리스 하인스, 나의 슈퍼영웅 애덤, 찰리, 샘에게
멋진 단체인 피엘라벤(Fjällräven), 서프돔(Surfdome),
에덴 프로젝트(the Eden Project), 지구의 벗(Friends of the Earth),
멸종 저항(Extinction Rebellion)
그리고 아무리 작더라도 변화를 위해서 노력을 기울이는 모든 분들께
깊은 감사를 드립니다.

KIDS FIGHT CLIMATE CHANGE
Text © 2021 Martin Dorey
Illustrations © 2021 Tim Wesson
All rights reserved. No part of this book may be reproduced, transmitted, broadcast or stored in an information retrieval system in any form or by any means, graphic, electronic or mechanical, including photocopying, taping and recording, without prior written permission from the publisher.

This Korean edition was published by Darun Publisher in 2025 by arrangement with Walker Books Limited, London SE11, 5HJ through KCC(Korea Copyright Center Inc.), Seoul.
이 책은 (주)한국저작권센터(KCC)를 통한 저작권자와의 독점계약으로 도서출판 다른에서 출간되었습니다. 저작권법에 의해 한국 내에서 보호를 받는 저작물이므로 무단전재와 복제를 금합니다.

2분만에 기후변화에 맞서는
60가지 방법

도전
기후변화

마틴 도리 글 | 팀 웨슨 그림
권가비 옮김

다른

차례

들어가며: 미래의 슈퍼영웅은 다 모이세요!......................... 8

첫 번째 임무: 우리가 만든 탄소를 세어 보기......................... 32

두 번째 임무: 여러 에너지를 살펴보기......................... 38

세 번째 임무: 집에서 기후변화와 싸우기......................... 44

네 번째 임무: 부엌에서 기후변화와 싸우기......................... 50

다섯 번째 임무: 싱크대, 샤워, 변기를 사용할 때마다
　　　　　　　　기후변화와 싸우기......................... 58

여섯 번째 임무: 물건을 줄여서 기후변화와 싸우기......................... 62

일곱 번째 임무: 전자 기기로 기후변화와 싸우기......................... 66

여덟 번째 임무: 옷으로 기후변화와 싸우기......................... 68

아홉 번째 임무: 정원에서 기후변화와 싸우기......................... 74

열 번째 임무: 이동하면서 기후변화와 싸우기......................... 82

열한 번째 임무: 휴가 중에도 기후변화와 싸우기......................... 90

열두 번째 임무: 마트에서 기후변화와 싸우기 94

열세 번째 임무: 학교에서 기후변화와 싸우기 98

열네 번째 임무: 나무를 심어서 기후변화와 싸우기 104

열다섯 번째 임무: 용돈으로 기후변화와 싸우기 106

열여섯 번째 임무: 목소리를 내어 기후변화와 싸우기 108

추가 임무: 펜을 들고 기후변화와 싸우기 112

임무 완수 114

슈퍼영웅 점수 118

여러분은 어떤 슈퍼영웅인가요? 130

기후변화와의 싸움에 대해 더 알아보기 132

우리나라에서 기후변화와 싸우기 133

마틴과 #2분재단 135

나도
슈퍼영웅이
될 수 있을까요?

미래의 슈퍼영웅은 다 모이세요!

안녕? 여러분.
잠깐 내 이야기 좀 들어 봐요.
요즘 시간 좀 있나요?
그래요, 2분 정도면 충분해요!
우리 함께 2분 정도의 짧은 시간으로
정말정말 멋진 일을 해 보지 않을래요?
음, 그러니까 활동가가 되어
지구를 지키는 일이에요.
한번 해 보겠다고요?
그럴 줄 알았어요!

지구를 구해 줄 여러분이 필요해요.

지구는 기후변화와 싸워 줄 슈퍼영웅이 필요해요. 바로 여러분이 이상적인 후보랍니다! 여러분 키가 얼마든, 어디 살든, 슈퍼파워가 있든 없든 상관없어요. #2분슈퍼영웅이 되려면 아래 조건만 맞으면 된답니다.

직업: #2분슈퍼영웅

시작일: 지금 당장!

경력: 경험이 없어도 가능해요.

유니폼: 꼭 필요한 건 아니지만 망토가 있으면 좋아요.

필요한 역량: 지구를 사랑하는 마음은 필수. 심각한 상황을 재미있게 만드는 능력이 있다면 더욱 좋아요.

해야 할 일:

- 동물에게 다정하게 대하기
- 가족과 친구들 돕기
- 임무 완수하기
- 한 번에 2분씩 기후변화와 맞서 싸우기
- 세상 구하기

지구는 지금 기후변화와 싸워 줄 슈퍼영웅을 찾고 있어.

지구에 무슨 일이 벌어지고 있을까요?

지구의 기후가 변하고 있어요. 기후란 강우량과 기온 등이 해마다 혹은 달마다 변하는 날씨 패턴을 말해요. 이 변화 때문에 우리가 살고 있는 지역의 날씨도 변해서 어떤 곳은 더워지고 어떤 곳은 건조해지고 또 어떤 곳은 다습해졌어요. 해수면이 높아지고, 어느 때보다 빠르게 빙산이 줄어들고 산꼭대기 만년설이 녹아내리고 있지요. 꽃이 피는 시기도 달라졌어요. 태풍, 산불, 가뭄, 홍수와 열파(예년보다 5도 이상 높아진 하루 최고기온이 5일 이상 지속되는 현상_옮긴이)가 전 세계 사람들과 새, 곤충, 그리고 동물에게 심각한 영향을 끼치고 있어요.

기후가 변하는 바람에 사람과 동물이 살기 힘들어진 곳도 생겼어요. 우리가 당장 뭔가 하지 않으면 상황은 점점 더 나빠질 거예요.

기후변화는 우리에게 어떤 영향을 줄까요?

오늘 날씨에 어떤 영향을 받았는지 생각해 보세요. 비가 왔나요? 아니면 덥거나 춥거나 바람이 불었나요? 날씨는 늘 우리에게 영향을 주지요. 우리는 알게 모르게 날씨에 적응하느라 애쓰고 있어요. 추우면 겉옷을, 더우면 반팔을, 비가 오면 비옷을 입어요. 그런데 더 큰 규모의 심각한 기후변화가 지구 전체에 걸쳐 일어난다면, 지금처럼 날씨에 적절히 대응해 가며 살기가 점점 더 어려워질 거예요.

기후변화는 자연에 어떤 영향을 줄까요?

날씨는 지상 만물에 영향을 주지요. 깊은 바다 밑에서부터 높은 산꼭대기까지, 그곳에 사는 동물과 식물을 모두 포함해서요. 간혹 기후변화 때문에 일상의 날씨가 달라지는데도 때맞춰 적응하지 못하는 동식물이 있어요. 그러면 별안간 먹고 마실 게 부족해지고 태풍이나 홍수, 산불을 피할 수 있는 보금자리가 느닷없이 사라져 버리는데 말이에요. 그렇게 되면 그 동식물은 위험에 처하는 거예요. 그런 상태로 얼마간 시간이 흐르면 종 전체가 위험에 처할지도 몰라요. 이미 그렇게 된 종도 있고요. 그런 종은 완전히 사라지게 될 수도 있어요. 그걸 바라는 사람은 아무도 없을 거예요.

펭귄의 문제: 바닷물 온도가 오르고 사람들이 물고기를 무분별하게 많이 잡아 버려서 아프리카 펭귄의 먹이가 부족해졌어요. 어린 펭귄은 플랑크톤을 따라 헤엄쳐서 수천 킬로미터를 이동해요. 플랑크톤을 따라가다 보면 펭귄이 좋아하는 먹이인 정어리를 찾을 수 있거든요. 그런데 요즘은 정어리가 다른 바다로 옮겨 간 바람에 펭귄이 굶주리고 있어요.

기후변화의 원인은 뭘까요?

지구의 기후는 늘 변했어요. 하지만 지난 80년 동안 지구 평균 기온이 예상치 못할 정도로 많이 올랐어요. 과학자들은 대부분 이런 변화가 인간 활동 때문이라고 굳게 믿고 있어요. 공장을 짓고, 자동차를 몰고, 비행기를 운항하는 등 인간이 한 활동 때문에 대기에 가스가 배출되고 그 결과 지구의 균형이 깨졌다고요. 이런 활동으로 배출된 가스가 담요처럼 지구를 덮고 태양에서 전달된 열을 가둬요. 그 상태로 시간이 흐르면 점차 지구 전체가 달궈지지요. 뜨거워진 지구 온도 때문에 여러 가지 방식으로 전 세계 기후가 달라졌어요.

우리가 일상적으로 하는 모든 일이 기후변화에 영향을 미쳐요. 우리가 먹고 이동하고 방을 따뜻하게 하고 전기를 쓰고 물건을 사는 행동은 모두 기후변화를 늦출 수도, 혹은 재촉할 수도 있어요. 그러니 기후변화가 더 이상 진행되지 않도록 하려면 지금 단호하게 행동하는 게 중요해요. 다른 누가 해 주겠지 하고 마냥 기다릴 때가 아니랍니다.

왜 우리가 나서서 싸워야 할까요?

지구가 우리 집이기 때문이지요. 지구는 우리가 가진 유일한 집이에요. 정말 멋진 곳이고요. 우리는 이 멋진 지구를 정말 멋진 동물, 곤충, 식물과 함께 공유하고 있어요. 지구라는 집에 살고 있다면 그게 누구든 지구를 지키는 데 한몫을 해야 해요. 우리는 모두 연관되어 있으니까요. 지렁이나 바닷속 해초, 북극곰이나 뿔퍼핀과도 관련이 있어요. 우리는 그들과 한 가족이에요. 수십 억 년 전까지 거슬러 올라가 보면, 생물은 모두 1개의 단세포생물에서 유래했거든요. 그러니 우리는 가족의 일원으로서 서로를 보살펴야 해요!

　우리가 지구에서 행복하게 살려면 서로가 서로에게 필요해요. 우리가 인간으로서 하는 행동 하나하나가 어떻게든 지구에 충격을 준답니다. 그러니 기후변화는 우리가 어떻게 하느냐에 달려 있어요. 그래서 이 책에 기후변화가 무엇인지 이해하고 그에 맞서려면 어떻게 해야 하는지 알 수 있도록 몇 가지 임무를 제시했어요.

　각각의 임무를 완성하는 데 몇 분밖에 걸리지 않지만 지구에겐 굉장히 좋은 영향을 줄 수 있어요. 그러면 여러분은 #2분슈퍼영웅이 될 거고요. 어쨌거나 올바른 일을 하는 사람이 슈퍼영웅이잖아요. 아 참, 여러분은 #2분슈퍼영웅으로 이미 뽑혔어요!

평범한 슈퍼영웅이 되어 봐요

지구는 여러분 같은 활동가가 필요해요. 당장 자리에서 일어나 뭐라도 실천하는 사람 말이에요. 여러분이 일상 속에서 작은 실천을 통해 기후변화와 싸운다면 평범한 슈퍼영웅 가족이 점점 늘어날 거예요.

간단한 실천으로 지구에 좋은 영향을 주는 슈퍼영웅은 어디에나 있어요. 만년설이 덮인 극지방에서부터 열대우림은 물론, 여러분 동네에 이르기까지요. 그런 영웅 몇 명을 앞으로 소개할 거예요.

지구가 곤경에 처한 현실은 분명 나쁜 소식이에요. 하지만 좋은 소식도 있어요. 문제를 해결하기 위해 사악한 천재 악당과 대결하거나, 다른 별에서 쳐들어온 외계인과 싸운다거나, 무시무시한 좀비를 무찔러야 하는 건 아니랍니다. 그저 여러분답게 살기만 하면 되지요.

잘할 수 있을지 걱정되나요? 코로나19 팬데믹 때문에 여러분이 어떻게 변해야 했는지 잘 생각해 보세요. 이 상황을 이겨내고 있다면 지구를 지키는 일도 어렵지 않을 거예요.

마틴과 #2분임무

임무를 시작하기 전에 내 이야기를 좀 해도 될까요? 내 이름은 마틴이고 환경 활동가로서 해변을 청소하고 글을 써요. 나는 누구나 세상을 바꿀 힘을 갖고 있다고, 또 우리가 실천한 사소한 행동이 모여 커다란 변화를 일으킬 수 있다고 믿어요.

내가 벌인 #2분해변청소라는 캠페인은 사람들에게 매일 2분 동안 해변을 치우자고 권하는 캠페인이에요. 2분은 그다지 큰 시간이 아니에요. 하지만 정말로 상황을 뒤바꿔 놓기도 해요. 특히나 친구들과 가족들까지 모두 동참한다면 말이죠!

그런데 같은 방법을 기후변화와의 싸움에도 쓸 수 있겠다는 생각이 들었어요. 2분마다 차이를 만드는 거죠! 그게 바로 내가 나선 이유예요. 여러분이 최고의 #2분슈퍼영웅이 될 수 있도록 도와줄게요.

평범한 슈퍼영웅

이름: 마틴

직업: 작가이자 활동가

슈퍼파워: 글을 이용해서 사람들이 좋은 일을 하도록 도와줘요.

기후변화와 싸우는 방법: 쓰레기를 줍고 책을 쓰고 나무를 심고 자전거를 타요.

중요한 한마디: 누구나 차이를 만들 수 있어요.

싫어하는 것: 에너지 낭비

좋아하는 것: 태양열 샤워

마틴

이 책은 이렇게 활용하세요

🌲 여러 가지 임무를 이 책에 담았어요. 주어진 임무로 기후변화가 무엇인지, 그에 맞서 싸우려면 무얼 해야 하는지, 그리고 여러분이 진정한 차이를 이끌어 낼 수 있는 생활 영역이 어디인지 알 수 있을 거예요.

🌲 각 장마다 여러분이 실천해 줬으면 하는 2분 임무를 제시했어요. 임무 수행을 마치면 슈퍼영웅 점수를 얻게 되지요.

🌲 어떤 2분 임무는 어려워요. 어떤 임무는 쉽고요. 임무가 어려울수록 높은 점수를 얻을 수 있어요. 2분보다 오래 걸리는 임무가 있을지도 몰라요!

🌲 각 임무를 완수한 뒤에는 몇 점을 얻었는지 기록해 보세요.

🌲 이 책을 다 읽으면 여러분이 얻은 점수를 다 합해서 최종 성적을 구할 수 있어요. 130쪽으로 가서 자신이 어떤 등급의 슈퍼영웅인지 알아보세요.

슈퍼영웅 통계: 여러분이 지구를 구하면 기분이 좋을 거예요. 그렇고말고요.

활동 준비되었나요?

첫 번째 임무를 시작하기 전에 지구에게 보여 줄 헌신에 대해 다음과 같은 약속을 해 줬으면 좋겠어요.

나는 지구를 위해 헌신할 것을 엄숙히 다짐합니다.

나는 실천을 통해 기후변화와 싸울 것이며 매일 2분씩 시간을 내어 자연을 돌보겠습니다.

훈련 승인
Martin

#2분해변청소 설립자

#2분 슈퍼영웅이 이어나가야 할 생활 속 작은 실천 방법

기후변화와의 싸움은 엄청난 일이에요. 쉽지도 않고 할 일도 많아요. 하지만 절대로 외롭지는 않을 거예요. 여러분이 꾸준히 제 몫을 하기 위해 노력하면 그걸 보고 다른 사람들도 생활 속 실천을 이어가겠죠. 그러면 달라지는 게 눈에 보이기 시작할 거예요.

자연을 가꿔 봐요.

내 힘을 이용해 이동해 보세요.

요리를 배우세요.

음식을 낭비하지 마세요.

기후변화와 왜 싸워야 할까요?

대체 왜 싸워야 하는지 궁금한가요? 좋은 질문이에요! 기후가 변하는 모습을 당장 눈앞에서 볼 수 있는 건 아니에요. 하지만 과학자들은 바로 지금 일어나고 있다고 확신해요. 이미 기후변화로 생존을 위협받고 있는 동식물도 많고요. 한 종이 위협받으면 그 종을 먹이로 삼거나 씨를 날라 주는 종 역시 위험해져요. 그래서 모두가 균형을 유지해야 하는 거죠!

지구에겐 살아 있는 모든 생물이 필요해요

생물은 모두 각자의 몫을 하고 있어요. 작다고 해서 중요하지 않은 생물은 없답니다.

새의 똥을 통해 열매의 씨가 여러 곳으로 퍼져요.

식물은 크고 작은 초식동물의 먹이예요.

곤충은 새와 파충류의 먹이가 되어요.

벌은 꽃과 작물의 수분을 도와요.

지렁이는 낙엽을 양분 많은 흙으로 만들어요.

세상은 균형 속에 있어요

지구에는 다양한 생태계가 있어요. 생태계란 어떤 한 지역에서 상호작용하며 사는 생물 집단과 이들 주변의 무생물, 즉 물과 흙, 기후 따위를 한데 묶어서 부르는 말이에요. 생태계는 그 크기가 아주 다양해요. 지구 전체부터 산호초, 풀밭, 도심 속 공원의 오래된 나무 한 그루에 이르기까지요. 생태계 내부의 상호작용은 모두 다 중요해요. 왜냐면 모든 것이 서로에게 의존하며 아주 섬세한 균형을 이루고 있거든요.

아프리카의 덤불숲을 예로 들어 볼게요. 그곳에 사는 코끼리는 풀을 짓밟아서 나무가 자라날 공간을 터 줘요. 또 코끼리는 나뭇잎을 먹은 다음 똥으로 그 씨를 퍼뜨리죠. 그 씨가 나무로 자라나서 다른 곤충과 새와 동물의 먹이나 집이 된답니다!

만약 아프리카 덤불숲이라는 생태계에서 코끼리를 없앤다면 모든 것이 달라져요. 코끼리 똥의 실종 = 나무의 실종 = 다른 생물의 집이나 먹이의 실종!

평범한 슈퍼영웅

이름: 넬리

직업: 아프리카코끼리

슈퍼파워: 엄청난 코

기후변화가 내게 미치는 영향: 가뭄 때문에 마실 물을 찾기가 어려워졌어요.

중요한 한마디: 나는 똥을 눠서 사방으로 씨앗을 퍼뜨려요.

싫어하는 것: 거주지를 두고 인간들과 경쟁하는 것

좋아하는 것: 물속에서 놀기

넬리

균형이 깨지면 어떻게 될까요?

기후변화, 서식지 파괴, 환경오염 같은 변화가 생태계 균형을 깨트리면 많은 문제가 생길 수 있어요. 그 지역 생물이 살아가는 데 꼭 필요한 먹이와 물, 서식지가 사라질 수 있으니까요. 예를 들어 자이언트 판다는 대나무 순을 많이 먹는데 기후가 변해서 대나무 수가 줄어들면 판다의 수도 함께 줄게 되지요.

한 생물 종의 마지막 개체가 죽으면 그 종은 멸종한 거예요. 멸종한 생물은 다시 볼 수 없지요. 아마 도도새나 태즈메이니아 호랑이 이야기를 들어 본 적이 있을 거예요. 두 종은 수백~수십 년 전에 멸종했어요. 지금은 박물관에서만 볼 수 있죠! 이건 정말 안타까운 일이죠.

혹시 2019년 단 1년 동안 새 세 종, 작은 포유류 한 종, 달팽이 한 종이 멸종되었다는 사실을 알고 있나요? 이 동물들을 다시는 볼 수가 없게 되었어요. 싸워야 할 이유가 있다면 바로 이 때문이에요!

희소식!

낙담하지 말아요! 멸종을 막을 방법이 있어요. 유러피언 비버를 예로 들어 볼게요. 비버는 지나친 사냥 때문에 16세기 영국에서 사라졌어요. 그런데 지금은 다시 돌아왔어요! 보존 사업을 펼친 결과 스코틀랜드와 데본을 포함한 영국 전역 여러 곳에 유러피언 비버가 다시 살 수 있게 된 거죠. 비버는 댐을 지어 새로운 생태계를 만들고 홍수도 막아 줘요. 역시 똑똑하고 부지런한 비버 최고!

우리 스스로를 위해서라도 꼭 싸워야 해요!

지구 생태계에서는 모두가 각자의 역할이 있어요. 인간은 똑똑하지만 혼자서는 살 수 없어요. 우리에겐 자연이 필요해요! 식물을 키워 낼 비옥한 흙, 곡식과 과일의 꽃가루를 옮겨 주는 벌, 물고기 먹이인 플랑크톤, 산소를 뿜어낼 풀과 나무, 숲이 없다면 우린 아무것도 얻을 수 없어요. 생태계를 파괴하면 인간 세계에 각종 질병이 터져 나오는 현상을 최근에도 겪었어요. 행동해야 해요. 지금 당장! 그게 슈퍼영웅으로서 우리 의무가 아닐까요?

나쁜 소식: 3만 2,000종이 넘는 생물이 멸종 위기에 처해 있어요.

양서류의 41퍼센트, 포유류의 26퍼센트, 조류의 14퍼센트가 멸종 위기에 처해 있어요!

기후변화의 영향

자, 슈퍼영웅 여러분! 기후변화와 싸워야 하는 이유를 이제 알았으니, 기후변화 때문에 어떤 일이 벌어지고 있는지 좀 더 자세히 알아봐요. 어떤 소식은 오싹하고 어떤 소식은 슬프지요. 그렇다고 해서 물러서지는 마세요. 온 세상 사람들이 함께 싸우려고 힘을 모으고 있으니까요.

기후변화는 사실일까요?

어떤 사람들은 기후변화가 사실이 아니라고 해요. 그렇게 말하는 이유는 그 사람들이 이해를 잘 못했거나 변화가 두렵거나 그게 아니면 지구를 해치면서 돈을 벌기 때문이에요. 기후 과학자 중 97퍼센트는 인간 활동의 결과로 기후변화가 실제로 일어나고 있다는 주장에 동의해요. 과학자 말이 틀릴 리는 거의 없어요. 하지만 혹시 여러분이 모든 임무를 완수했는데, 알고 봤더니 그다지 걱정할 만한 상황이 아니었다면요?

여러분이 나무를 더 심고, 자전거로 이동하고, 친구와 걸어서 학교에 가고, 꿀벌을 돌보고, 여러분 정원으로 새와 동물을 불러들이고, 신선하고 맛있는 동네 농산물을 먹고, 쓰레기를 덜 버리고, 지속 가능하면서 예쁜 옷을 입었는데, 애초에 그럴 이유가 없었다면 어쩌지요?

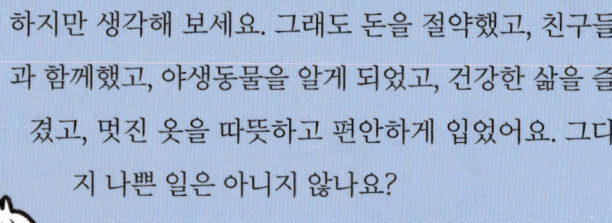

하지만 생각해 보세요. 그래도 돈을 절약했고, 친구들과 함께했고, 야생동물을 알게 되었고, 건강한 삶을 즐겼고, 멋진 옷을 따뜻하고 편안하게 입었어요. 그다지 나쁜 일은 아니지 않나요?

기후가 어떻게 변하고 있을까요?

세계 기후는 지구가 더워지거나 추워지면 그에 따라 늘 변해 왔어요.

그런데 요즘 지구 평균 기온이 꾸준히 높아지고 있어요. 과학자들은 이번 세기가 끝날 무렵 기온이 섭씨 3도에서 5도 정도까지 오를 거라고 생각해요. 미국항공우주국(NASA)의 자료에 따르면 1880년 이후 2016년이 가장 더운 해였어요. 140년간 기록에서 가장 뜨거웠던 9년이 2005년 이후 발생했고요.

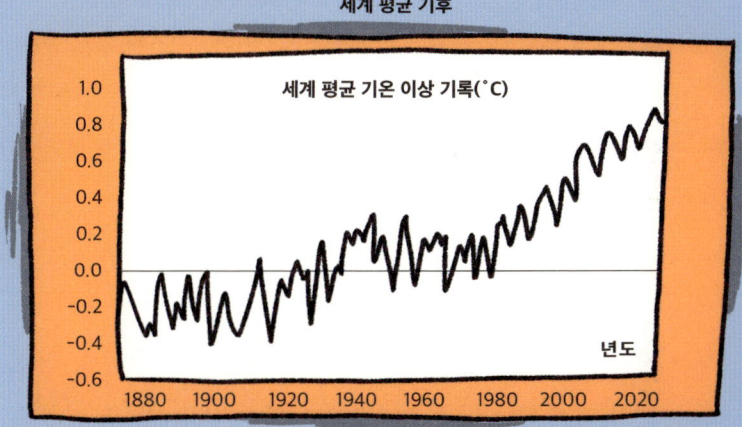

2019년은 기록상 두 번째로 더운 해였어요. 공장이 들어서기 전인 1850년에서 1900년까지의 평균기온보다 섭씨 1.1도 더 더웠답니다.

지구 기온이 오르면서 기후변화가 점점 심해지자 과학자들은 여러 현상을 발견했어요.

- ▲ 만년설, 빙상과 빙하가 녹고 있어요.
- ▲ 해수면이 점점 높아져요.
- ▲ 바다의 수온이 오르면서 산성으로 변하고 있어요.
- ▲ 비가 내리는 양상이 달라지고 있어요.
- ▲ 열파가 잦아져요.
- ▲ 허리케인과 태풍이 불 가능성이 높아졌어요.

기후변화가 자연에 어떤 영향을 미칠까요?

얼핏 날씨가 더워진다니 참 좋겠다는 생각이 들지 않나요? 우리는 햇볕 쨍쨍한 여름날도 좋아하니까요.

하지만 그렇게 간단한 문제가 아니랍니다.

미니 빙하기와 비교적 온난했던 시기가 몇 차례 지나갔지만, 수천 년 동안 지구 환경은 비교적 안정적이었어요. 지구에 사는 생물도 그런 상황에 적응했고요.

기후 때문에 어디가 사막이고 어디에 비가 많이 내리는지 자연스레 정해졌어요. 언제 얼음이 녹고, 1년 중 어느 때 나무가 자라고 꽃이 피는지도 결정되었지요. 생물 종들은 그런 주변 환경에 적응했어요. 벌은 꽃가루 수정을 훌륭히 해냈고 북극곰은 북극의 차가운 빙하와 만년설 위에서 사는 데 익숙해졌고요. 펭귄은 남극 바다에서 아주 썩 잘 지내고 있었죠. 전 세계에 걸쳐 균형 잡힌 생태계가 자리 잡았어요. 얼음 덮인 산꼭대기에서부터 바닷속 산호초에 이르기까지요.

요새는 지구 온도가 올라서 생태계 균형이 예전 같지 않아요. 더 뜨거워지거나 비가 더 오거나 더 건조해졌어요. 이런 변화 때문에 식물과 곤충, 새와 짐승들이 먹이와 보금자리를 잃게 되었답니다.

믿기 거북해요: 기후변화는 거북에게도 영향을 미쳐요. 거북들이 알을 낳아 묻어 놓은 곳의 모래 온도가 오르면 새끼들의 성별이 바뀔 수 있어요.

얼음이 없어요: 지금 기후변화 속도를 보면, 2050년쯤에는 북극에 얼음이 없을 수도 있어요.

겨울 바다가 어는 데 시간이 오래 걸리자 북극곰이 육지에 머무는 시간이 길어졌어요. 나가서 물개를 잡아야 하는데 말이죠.

산꼭대기 부근에 살던 동물들이 좀 더 시원한 서식지를 찾아 점점 높은 곳으로 올라가요.

산호가 색을 잃고 있어요. 이렇게 표백된 산호는 죽어 가는 거예요.

북아메리카와 유럽 대륙에서 꿀벌 수가 크게 줄어들었어요.

평범한 슈퍼영웅

이름: 피터

직업: 북극곰

슈퍼파워: 북극 얼음 위에서 살아남아요.

기후변화가 내게 미치는 영향: 집이 녹고 있어요! 살기 위해선 집이 필요하다고요.

중요한 한마디: 수영을 배우세요.

싫어하는 것: 쓰레기통 뒤져서 먹이 찾기

좋아하는 것: 몰래 기어가서 물개 덮치기

피터

기후변화가 우리에게 어떤 영향을 미칠까요?

아래 내용을 읽어 주세요! 겁먹지는 마세요. 오히려 사정을 알게 되었으니 마음 단단히 먹고 이 책에 나오는 임무를 모두 완수해 주었으면 좋겠어요. 아래 내용을 앞길을 밝히는 등불로 삼아 주세요. 여러분이 지구의 미래를 바꿀 수 있어요.

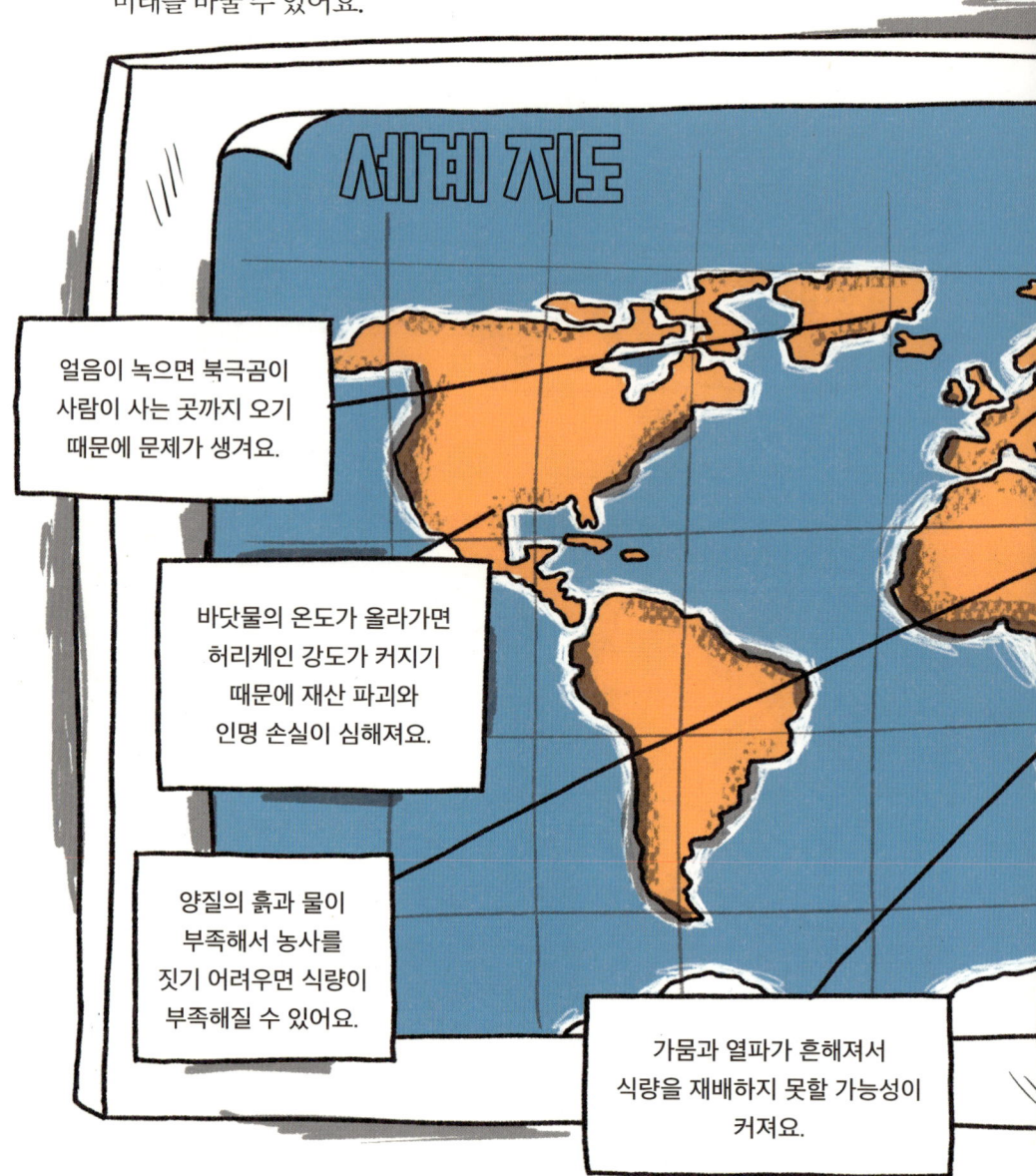

떠도는 사람들: 자연재해 때문에 2018년, 144개국의 1,720만 명이나 되는 사람들이 살던 곳을 떠나야 했어요.

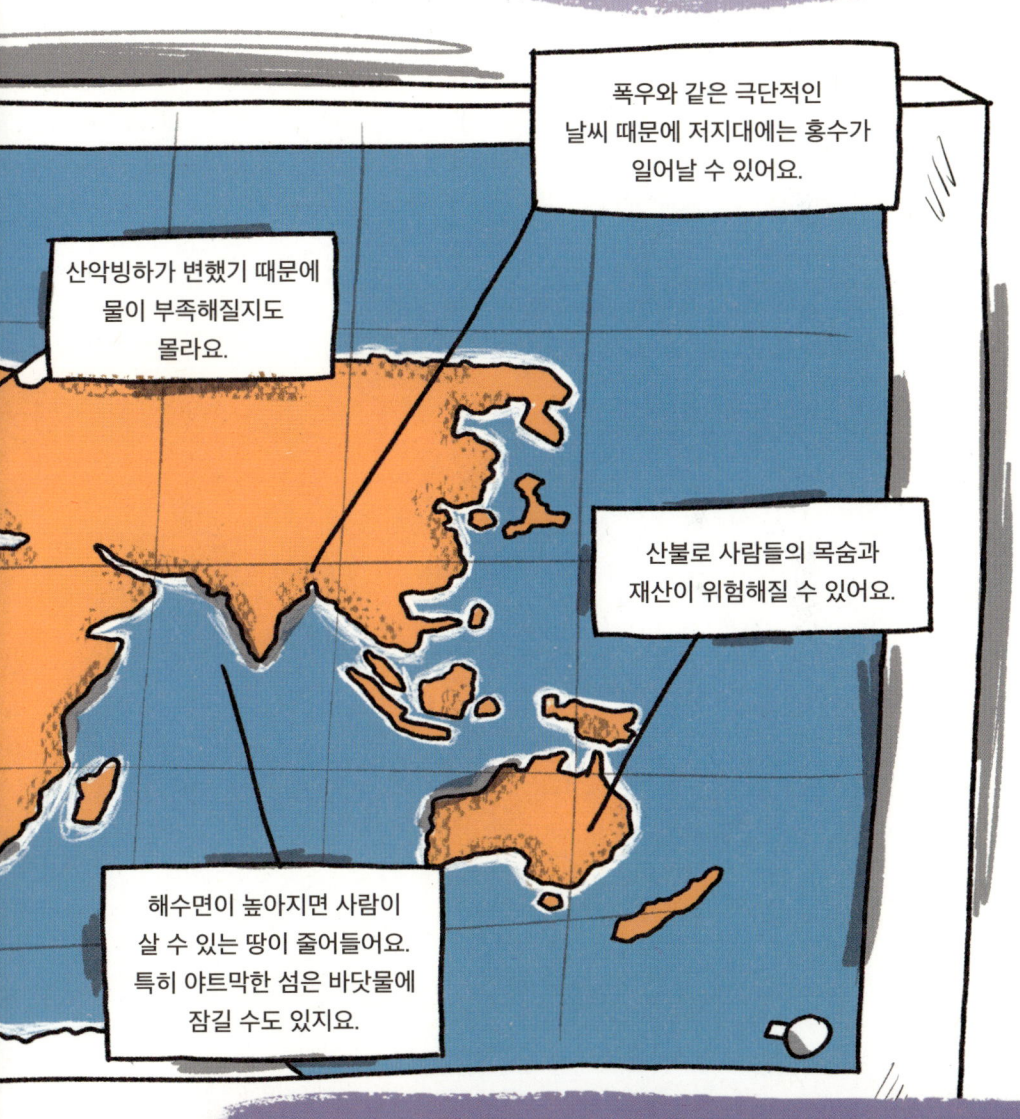

바닷속에서 살기: 해수면이 계속 오른다면, 2100년쯤 1억 5,000만 명이 넘는 사람들이 해수면보다 낮은 땅에서 살게 될 거예요.

여러분의 임무가
지금 시작됩니다

첫 번째 임무
우리가 만든 탄소를 세어 보기

첫 번째 임무로 우리는 기후변화의 과학적 배경을 살펴볼 거예요. 지구 기온이 왜 오르는지 이해한다면 어떻게 맞서 싸워야 할지, 그리고 2분 활동이 왜 중요한지도 알 수 있을 테니까요. 자, 시작합시다!

온실효과

산소와 질소를 포함한 기체층이 지구를 에워싸고 있는데 이 층을 대기라고 불러요. 대기에는 과학자들이 온실가스라고 부르는 것들이 섞여 있어요. 여기에는 이산화탄소와 메탄가스가 포함되지요.

온실가스라 불리는 이유는 가스가 온실 유리처럼 열을 가둬 두기 때문이에요. 낮 동안 태양이 지표면을 데우고 밤에는 열이 다시 대기로 날아가요. 이때 온실가스가 이 열의 일부를 붙들어서 지구 온도가 일정하게 유지되어요. 생물이 살아가기에 너무 뜨겁지 않을 정도로 적당하게 말이죠.

여기까지는 아주 좋아요! 하지만 인간 활동으로 지구 대기에 온실가스가 늘어나면서 문제가 생겼어요. 인간이 석유와 비행기 연료, 석탄을 태울 때 이산화탄소가 발생해요. 또 다른 온실가스인 메탄은 소가 방귀를 뀌거나 트림을 할 때 생긴답니다. 다른 이유도 많아요. 사람들이 온실가스를 대기에 많이 배출하면 할수록 더 많은 열이 갇히게 되고, 그렇게 되면 지구 평균 기온이 점점 올라가요.

2분 임무: 햇빛이 쨍쨍한 날에 온실이나 비닐하우스, 아니면 커다란 창이 있는 방으로 가 보세요. 햇볕이 내리쬘 때 어떤 일이 일어나나요? 온도계가 있다면 온실 안팎의 온도를 재고 그 차이를 계산해 보세요.
5점

온실가스 줄이기

기후변화를 멈추려면 지구 평균 기온이 오르는 속도를 늦춰야 해요. 그러려면 온실가스 발생을 줄일 수 있는 방식으로 살아야 하고요. 이산화탄소와 메탄을 만들고 배출하는 우리의 활동을 줄여야 한다는 뜻이에요.

이산화탄소는 어디에서 올까요?

탄소는 지구의 구성 성분 가운데 하나예요. 생물을 비롯해 거의 모든 사물에 탄소가 있어요. 여러분에게도 내게도 나무와 동물들, 심지어 운동화에도요. 사물이 변할 때, 다시 말해 나무가 자라거나 여러분이 숨을 쉬거나 여러분 집으로 새 운동화가 배송될 때 탄소가 저장되거나 밖으로 나와요. 이렇게 나온 탄소는 대기 속 산소와 결합해서 눈에 보이지 않는 가스인 이산화탄소(CO_2)가 된답니다.

🌲 사람과 동물은 대기 속 산소를 들이마시고 이산화탄소를 뱉어내요.

🌲 화석연료를 태우는 여러 가지 행위들, 가령 자동차나 비행기 운행, 난방 등은 대기 속으로 이산화탄소를 배출해요.

🌲 나무와 풀은 이산화탄소를 흡수한 뒤 탄소 형태로 잎사귀에 저장해요. 바다에서는 플랑크톤이 그렇게 하고요. 그러고는 대기에 산소를 내보내요.

슈퍼 호흡: 하루에 슈퍼영웅이 뱉어내는 이산화탄소 양은 평균 1킬로그램이에요.

나무 놀랍잖아요: 나무 한 그루가 1년에 흡수하는 이산화탄소 양은 대략 21킬로그램이에요.

화석연료와 이산화탄소

기후변화를 일으키는 가장 큰 이유 중 하나는 인간이 에너지를 만들기 위해 화석연료를 태우는 거예요. 화석연료는 석탄과 천연가스, 석유를 말해요. 수백만 년 전에 죽은 생물이 땅속 깊이 묻힌 채 오랜 세월에 걸쳐 거대한 압력과 열을 받아서 만들어지지요. 우리는 그 화석연료를 땅에서 캐낸 뒤 태워서 에너지를 만들고, 그 에너지로 난방을 하고 차를 몰아요. 문제는 이 과정에서 화석연료에 가득한 탄소가 이산화탄소의 형태로 대기에 방출된다는 점이에요.

화석연료와 우리 인간

화석연료로 지난 200년 동안 우리 인간의 생활 방식이 크게 바뀌었어요. 더 환하고 따뜻하고 편안한 나날을 보내게 되었지요. 하지만 함정이 있어요. 싫든 좋든 간에, 모든 행동에 반드시 탄소 값을 치러야 한다는 거예요. 이산화탄소를 내뿜거나 탄소를 저장하는 것, 둘 중 하나로요.

인간이 화석연료를 태우는 바람에 현재 이산화탄소가 대기에 배출되는 속도가 식물과 바다, 숲이 이산화탄소를 흡수하는 속도보다 더 빨라요. 우리는 그 속도를 줄일 필요가 있어요.

록다운 생활: 코로나19 팬데믹 때문에 2020년 4월에 시작된 록다운 기간 동안 전 세계 이산화탄소 배출량이 2019년 같은 기간에 비해 31퍼센트나 줄었어요.

여러분의 탄소 발자국

탄소 발자국이란 일상생활을 하며 대기에 배출한 탄소의 양을 뜻해요. 여러분의 모든 행동은 탄소 발자국을 늘려 가요. 예를 들면 난방을 어떻게 했는지, 무얼 먹고 무엇을 샀는지, 재활용은 했는지, 학교에 갈 때 무엇을 타는지와 같은 것들이죠. 여러분의 선택이 지구에 남기는 발자국에 고스란히 반영된답니다. 탄소 발자국이 모래사장에 남긴 발자국과 같다고 생각해 보세요. 가볍게 밟으면 흐트러지는 모래가 별로 없지요. 하지만 세게 꾹꾹 밟으며 걸으면 흔적이 크고 오래갈 거예요.

2분 임무: 여러분의 탄소 발자국에 대해 생각해 보세요. 내일 어떤 행동을 하면 발자국을 줄일 수 있을지 생각해 보세요.
10점

평범한 슈퍼영웅의 탄소 발자국

기후변화와 싸우는 평범한 슈퍼영웅들은 지구에 흔적을 가능한 적게 남기려고 애쓰며 살지요. 그렇다고 탄소 발자국이 아예 없지는 않아요. 그건 불가능에 가까운 일이거든요. 하지만 아주 적기는 해요. 슈퍼영웅들은 차를 이용하는 대신 걸어 다니고 음식이나 에너지 낭비는 삼가고 이를 닦는 동안 언제나 수도를 잠그니까요.

왜 그러는지는 이 책을 몇 장 더 읽으면 알게 될 거예요. 하지만 그 전에라도 사뿐사뿐 걸어서 발자국을 줄여 봐요. 여러분은 할 수 있어요!

두 번째 임무
여러 에너지를 살펴보기

기후변화와 싸워야 하는 이유를 알았으니, 이제 제대로 일을 시작해 봐요. 먼저 에너지부터 시작해요. 에너지 사용은 간단해요. 많이 사용할수록 더 큰 흔적을 남겨요. 우리의 탄소 발자국을 줄이고 싶다면 우리가 어떤 종류의 에너지를 사용하는지, 어떻게 에너지를 만드는지 꼼꼼하게 살펴볼 필요가 있어요.

에너지는 무슨 일을 할까요?

에너지는 여러분을 움직이게 하는 힘이에요. 달릴 때 내뱉는 가쁜 숨, 자동차와 기차가 움직일 때, 목욕할 때 '아아' 나오는 탄성은 모두 에너지에서 비롯되지요. 뜨끈한 국에서 피어오르는 김, 라디오에서 나오는 음악, 휴대전화에 있는 멋진 기능, 일상을 밝혀 주는 빛이 모두 에너지예요. 모든 일은 에너지가 있어야 가능해요!

물건을 만들 때 에너지를 써요.

환하게 보기 위해서 에너지를 써요.

요리할 때 에너지를 써요.

이동할 때도 에너지를 써요.

오늘날 우리 생활에서 사용하는 힘

생활 에너지라면 대체로 전기를 뜻해요. 플러그에서 찌르르 흐르는 것 말이죠. 전기는 물이 흐르듯 전류로 흘러서 우리가 텔레비전을 보고 휴대전화를 충전할 수 있게 해 줘요. 전기 덕에 우리는 전등도 켜고 옷도 빨고 목욕물도 데우고 음식 냉장도 하고 좋은 음악도 듣고 공장과 가게, 학교를 운영할 수 있어요. 그런데 이 전기 에너지는 어디에서 올까요?

전기는 고압 송전망으로 연결된 발전소에서 만들어요. 발전소에서 우리 집까지 전선을 통해 전류의 형태로 전기가 흘러오지요.

인간은 여러 가지 자원으로 전기를 얻어요. 그중 어떤 자원은 재생이 가능한데, 그 말은 그 자원을 계속해서 거듭 쓸 수 있다는 뜻이에요. 반면에 어떤 자원은 재생이 불가능해서 어느 날 다 쓰고 없어져 버려요. 어떤 에너지원은 온실가스나 오염물질을 뿜지 않기 때문에 다른 에너지원보다 지구에 더 좋아요.

2분 임무: 오늘 여러분이 무슨 일을 했는지 생각해 보세요. 에너지를 사용하는 일이었나요? 어떤 에너지를 사용했나요?
10점

재생이 불가능한 에너지

재생이 불가능한 에너지원은 일정량을 다 쓰고 나면 없어져 버려요.

화석연료는 제한이 있어요. 석유, 석탄, 천연가스를 화석연료라고 해요. 지하에서 뽑아낸 다음 태워서 열과 전기를 얻지요. 또 자동차와 선박, 비행기를 운행하는 연료로 써요. 이들 화석연료는 수백만 년이 걸려서 만들어지는 데다 사람들의 소비 속도가 생산 속도보다 훨씬 빨라요.

화석연료를 태우면 열, 물, 이산화탄소 외에도 오염물질을 뿜어요. 그래서 화석연료는 '더러운 에너지'라고도 불러요.

석유, 석탄, 천연가스: 전기를 만들려고 발전소에서 태워요. 이 과정에서 온실가스가 생겨요.

휘발유와 경유: 화석연료가 원료이며 자동차 연료로 사용해요.

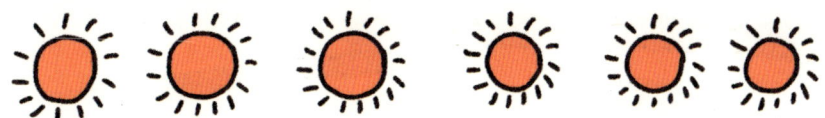

재생이 가능한 에너지

다행인 건 화석연료가 에너지를 만들 수 있는 유일한 방법이 아니라는 사실이에요. 재생 가능한 자원으로 에너지를 만들 방법이 많아요. 다시 말해 써도 없어지지 않고 거듭 쓸 수 있는 자원이 있다는 뜻이지요. 게다가 이런 자원은 온실가스나 다른 오염 물질을 대기로 배출하지도 않아요. 그래서 이런 자원을 '청정에너지' 또는 '녹색 에너지'라고 불러요.

바람: 발전 터빈을 돌려서 전기를 만들어요.

태양: 태양광 패널로 전기를 만들고 물을 데워요.

물: 발전 터빈을 돌려서 전기를 만들어요.

지열: 깊은 땅속 뜨거운 물과 증기로 발전 터빈을 돌려요.

평범한 슈퍼영웅

이름: 샬럿

직업: 학생

슈퍼파워: 태양열을 사용해요.

기후변화와 싸우는 방법: 태양열 에너지를 사용하는 아빠 집에서 샤워해요.

중요한 한마디: 태양열을 이용한 샤워는 정말 굉장해요!

싫어하는 것: 에너지 낭비

좋아하는 것: 샤워하면서 노래하기

샬럿

태양열의 기적

태양열은 공짜예요. 태양으로 만든 에너지는 온실가스를 만들지 않아요. 게다가 태양이 없어지지도 않으니 최고의 미래 에너지 형태라고 할 수 있지요. 영국처럼 햇빛이 많지 않은 나라에서도 태양열로 가정집 조명은 충분히 밝힐 수 있을 정도의 전기를 생산하고 있어요. 태양에너지를 이용해 샤워할 물을 덥히거나 가정용 전기를 만들려면 태양광 패널이 필요해요.

햇빛 쨍쨍한 사실: 태양열발전을 가장 많이 하는 나라는 중국이에요. 전체 발전의 약 30퍼센트가 태양열발전이랍니다.

물로 발전을 해요

수력 발전은 또 다른 종류의 청정에너지원이에요. 흐르는 물로 터빈을 돌려서 전기를 만들어요.

물처럼 시원한 사실: 노르웨이는 발전량의 98퍼센트를 수력 에너지에서 얻는다고 해요. 노르웨이에는 물이 많거든요! 우리나라는 단지 1.7퍼센트 정도의 에너지만 물에서 얻어요.

바람을 이용해요

바람의 힘도 유용해요. 커다란 바람개비 날개가 바람을 맞아 도는 모습을 본 적이 있을 거예요. 그게 바로 전기를 만드는 방법이에요. 바람이 많이 부는 들판이나 바다에 이런 터빈을 설치해요. 깨끗하고 효율적인 에너지원인 바람은 절대로 없어지지 않아요. 멋지죠?

바람 선선한 사실: 영국에서는 대략 20퍼센트 정도의 에너지를 바람으로 만들어요. 바람이 아주 많이 불면 25퍼센트 정도까지도 만들 수 있답니다.

2분 임무: 여러분이 쓰는 전기는 어디에서 오나요? 어떤 전력 회사는 재생 가능한 에너지원으로 전기를 생산한다고 해요. 부모님과 이 점에 관해 이야기해 보세요.
30점

세 번째 임무

집에서 기후변화와 싸우기

기후변화는 참 고약해요. 평소 등굣길이나 공원에서 놀다가 그 모습을 보기는 힘들죠. 게다가 수시로 모습을 바꾸는 적군이라 맞서 싸우기 힘들 것만 같아요.

하지만 중요한 점은 우리가 집과 학교, 야외에서 취하는 행동 하나하나가 기후변화에 영향을 미친다는 사실이에요. 가장 좋은 방법은 집에서부터 시작하는 거예요. 맞아요, 여러분의 집에서요! 어려울 건 없어요. 전등 스위치 끄기처럼 아주 간단한 일이거든요.

임무를 재미있게 만들어 보세요

인정할게요. 기후변화와 싸우는 일이 늘 신나지는 않아요. 하지만 그 싸움을 즐겁게 만드는 것이 슈퍼영웅의 임무예요. 어떻게 하면 되냐고요? 그건 직접 정하면 된답니다. 예를 들어 가족을 위한 실천 게임을 만들어 보세요. 그림도 그리고요. 그러면 가족 모두 스스로 이룬 결과를 보고 뿌듯할 거예요. 이 크고 어려운 싸움에서는 여러분의 노력 하나하나가 모두 소중해요.

영국의 진실:
2018년 영국에서 배출된 탄소의 18퍼센트 정도는 난방을 하고, 조명을 밝히고, 요리를 하고, 휴대폰 충전을 하느라 발생했어요.

대기 모드

여러분이 외출하거나 잠자리에 들 때 얼마나 많은 가전제품을 대기 모드로 두나요? 텔레비전, 컴퓨터, 게임기, 전자레인지……. 여러분이 쓰고 있지 않아도 대기 모드 불이 깜박대는 가전제품들은 여전히 에너지를 소비하고 있어요. 이제 에너지 단속을 시작할 때가 되었어요!

평소 대기 모드로 전환해 두었던 가전제품의 플러그를 뽑아 보세요. 여러분의 탄소 발자국을 줄일 수 있어요. 그 순간부터 가전제품이 더 이상 에너지를 쓰지 않으니 전기료도 아낄 수 있답니다!

> **2분 임무:** 여러분 집에 평소 대기 모드로 해 놓은 가전제품이 있나요? 그렇다면 그런 제품이 있는 방이 몇 개나 되는지 세어 보세요. 방마다 이렇게 써 붙여 보세요. "가전제품을 쓰지 않을 때는 플러그를 뽑으세요!"
> 20점

끄세요!

혹시 여러분 집에 마지막으로 방을 나가면서도 불을 켜 두는 사람이 있나요? 으아아, 전등을 쓸데없이 켜 두면 에너지가 낭비된다고요!

> **2분 임무:** 가족 이름을 적은 표를 만드세요. 방을 나가면서 불을 끈 사람에게는 스티커를 하나씩 붙여 주세요. 에너지를 가장 효율적으로 쓰는 사람은 누구인가요?
> 10점

겉옷으로 기후변화와 싸워요

가정에서 에너지를 많이 사용하는 가장 큰 이유 중 하나는 집을 따듯하게 데우기 위해서예요. 주택 난방이 탄소 배출에 큰 몫을 차지하고 있지요. 그러니 난방을 줄일수록 좋을 거예요!

문을 닫아요!

2분 임무: 방을 나갈 때는 문을 닫아. 그래야 열이 새는 걸 막을 수 있어요.
5점

우리와 지구를 위해서 커튼을 쳐요!

2분 임무: 보온이 되도록 밤에는 창에 커튼을 치세요.
5점

슈퍼영웅은 겉옷을 입어요!

2분 임무: 약간 쌀쌀하다 싶을 때는 난방을 하는 대신 집 안에서도 겉옷을 입으세요.
5점

펑펑 쓰지 마세요

텔레비전을 보는 것도 온실가스를 만들어 내요. 온라인으로 보면 더 심해지고요. 왜냐고요? 인터넷에 접속해 컴퓨터에서 여러분의 기기로 영상을 보내라고 요청하는 데 에너지를 써야 하거든요. 가족들이 같은 시간에 각자 다른 프로그램을 시청한다면 함께 모여 시청할 때보다 훨씬 더 많은 에너지를 쓰게 된답니다.

2분 임무: 좋아하는 프로그램은 온 가족이 함께 모여서 보세요. 영화관에서 볼 때처럼 팝콘 같은 간식을 들고요. 가족과 즐거운 시간을 보내면서 동시에 지구도 지킬 수 있어요!
10점

지구를 위한다면 재활용을 하세요

재활용이 지구에 좋다는 사실은 알고 있죠? 재활용을 많이 해서 쓰레기통에 버리는 물건이 적어질수록 좋아요. 유리, 플라스틱, 금속을 그냥 버리면 똑같은 제품을 만들려고 처음부터 또다시 에너지를 써야 해요. 그건 현명하지 않은 일이잖아요? 한 번 더 쓰고 재활용을 하면 탄소 발자국이 그만큼 줄어들 수 있어요.

재활용: 재활용이 되는 것과 안 되는 것이 무언지 알아 두세요.

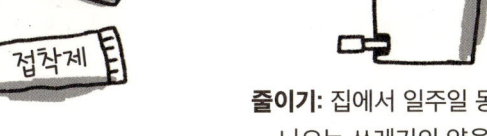

수리: 오래된 물건을 버리는 대신 고쳐서 다른 사람이 쓸 수 있도록 해요.

줄이기: 집에서 일주일 동안 나오는 쓰레기의 양을 줄일 수 있나요?

리필: 플라스틱 통이나 유리병을 씻어 말리면 다른 음식을 다시 담을 수 있어요.

재사용: 바이러스를 막는 것이 아닌 보온용 마스크는 천 소재로 된 것을 골라 빨아서 다시 쓰세요.

> **2분 임무:** 우리집 재활용 책임자가 되어 보세요. 재활용품 수거일에는 여러분이 대장이 되는 거예요. 재활용품을 올바르게 분리배출 하고 있는지 잘 살피세요.
> 10점

네 번째 임무

부엌에서
기후변화와 싸우기

음식은 여러분과 나 그리고 모든 사람, 모든 생물에게 꼭 필요해요. 나무도 물과 햇빛이 필요하고 수달도 물고기가 필요하고 우리도 점심을 먹어야 하니까요. 음식이 없다면 우리 그리고 다른 생물은 일상생활을 할 수 없어요. 배가 고프면 수달이라도 성을 낼걸요?

인구 수가 늘어난 바람에 세상 모든 사람이 충분히 먹을 만큼 음식을 생산하는 건 쉬운 일이 아니에요. 그래서 식량 생산을 늘려야 한다는 건 알아요. 그런데 어떤 방식으로 늘리느냐가 아주 중요해요. 식량 생산도 기후변화에 영향을 주거든요. 그러니 무얼 먹을까에 대해 신중하게 고민할 필요가 있어요. 바꿀 수 있다면 바꿔야 하잖아요!

여러분도 지구도 건강해질 음식을 먹어요

튼튼하고 건강하게 자라려면 누구든 균형 잡힌 식단으로 식사를 해야 해요. 그러면 몸이 여러분에게 고마워할 거예요. 하지만 접시에 담는 음식이 지구에 어떤 영향을 미치는지 생각해 보는 것도 대단히 중요해요. 어떤 작물과 가축은 기를 때 다른 종류보다 더 많은 탄소를 배출하거든요. 이 말은 여러분의 식단도 탄소 발자국에 영향을 줄 수 있다는 뜻이에요. 그렇다고 여러분의 식습관을 대대적으로 바꿀 필요는 없어요. 소소하게 바꿀 만한 것들이 많이 있으니 가족들과 함께 한번 생각해 보세요. 먼저 식탁에 무얼 올릴까부터 궁리해 봐요.

육식: 채소와 함께 생선, 고기와 동물성 제품을 먹지요. 생선만 먹고 고기는 안 먹을 수도 있어요.

채식: 생선과 고기는 먹지 않아요. 식물성 식품을 먹지요. 동물성 식품으로는 낙농품(우유와 치즈, 달걀)과 꿀을 먹어요.

비건식: 유제품과 꿀을 포함한 동물성 식품을 먹지 않고 오로지 식물성 식품만 먹어요.

고기와 유제품을 먹으면 지구에 나쁜 영향을 주나요?

고기와 유제품 소비를 줄이거나 끊는 것이 기후변화와 싸우는 가장 효과적인 활동이라고 믿는 사람들이 있어요. 왜냐고요? 숲을 깎아 가축을 기를 농장을 짓기 때문이지요. 또 가축에게 줄 먹이와 물을 대 주기 위해서도 많은 자원을 쓴답니다. 심지어 소와 같은 일부 동물이 방귀를 뀌면 온실가스인 메탄가스가 나와요.

왜 고기와 유제품을 줄여야 할까요?

▲ 가축을 빽빽하게 모아 기르려면 그 동물만을 위한 땅이 필요해요. 그러면 몇몇 생태계가 사라지고 말아요.

▲ 가축을 위한 사료 작물을 기르려고 열대우림을 깎아 내고 있어요.

▲ 가축을 기르는 축산 농장은 물을 많이 사용해요.

▲ 소의 트림, 방귀, 똥에서 온실가스인 메탄가스가 나와요.

▲ 우유 한 잔이 배출하는 온실가스는 콩이나 아몬드로 만든 식물성 대안 우유의 세 배나 되어요.

가까운 지역 식품을 먹어요

고기를 먹을 때 그 고기의 생산지가 어딘지 생각해 보는 것도 좋아요. 여러분이 사는 곳 근처에서 기른 고기가 수십만 킬로미터 떨어진 곳에서 온 고기보다 탄소 발자국이 적을 거예요. 어디든 좋아요. 가능하다면 가까운 곳에서 키운 고기를 드세요. 또 동물 사료도 탄소 발자국에 영향을 주어요. 풀을 먹여 키운 소나 양, 그리고 옥수수를 먹여 키운 닭이 남미의 숲을 깎아 내고 기른 콩을 먹여 키운 동물보다 지구에게는 낫겠지요.

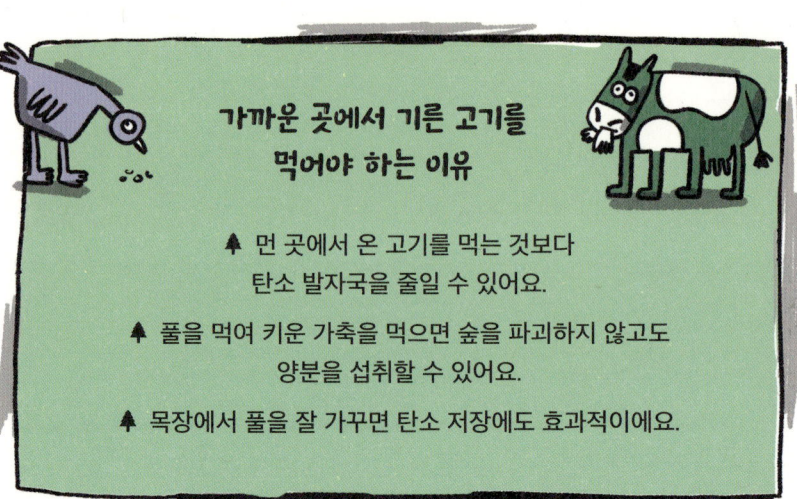

가까운 곳에서 기른 고기를 먹어야 하는 이유

- 먼 곳에서 온 고기를 먹는 것보다 탄소 발자국을 줄일 수 있어요.
- 풀을 먹여 키운 가축을 먹으면 숲을 파괴하지 않고도 양분을 섭취할 수 있어요.
- 목장에서 풀을 잘 가꾸면 탄소 저장에도 효과적이에요.

2분 임무: 그동안 고기를 자주 먹었다면 가족에게 하루쯤 고기 없이 지내자고 제안해 보세요. 간단한 일이지만 큰 변화를 이끌 수 있어요. 일주일에 한 번씩 규칙적으로 하면 특히나 더 그럴 거예요. 20점

접시 위의 생선

생선 요리 역시 지구에 영향을 미쳐요. 물고기는 해양 생태계에서 중요한 역할을 하는데 몇몇 어종이 멸종 위기에 처해 있어요. 우리가 너무 많이 잡아서요. 다른 고기를 잡으려다 우연히 잡히는 동물도 몇몇 있는데, 돌고래를 그 예로 들 수 있어요. 참치를 잡으려고 쳐 놓은 그물에 몸이 큰 돌고래도 걸려 버리거든요. 어업의 또 다른 폐해는 그물이나 어획 도구 같은 플라스틱 쓰레기를 쏟아 내는 바람에 해양 생물을 해치는 거예요. 다음번에 생선 요리를 먹을 때는 2분만 시간을 내서 그 생선이 어떤 경로를 거쳐 식탁까지 왔는지 생각해 보세요!

2분 임무: 여러분이 자주 먹는 생선을 해양 보존 협회의 올바른 물고기 가이드 (www.mcsuk.org/goodfishguide/search)에서 찾아보고 그 어종이 얼마나 지속 가능한지 알아보세요. 그 생선을 안 먹거나 좀 더 친환경적인 대안을 찾을 수 있을까요?
20점

식물의 힘

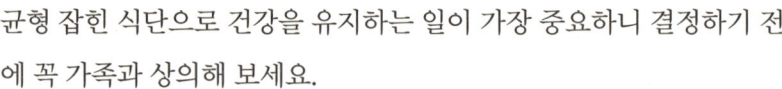

여러분은 이미 채식주의자일 수도 있고, 아니면 앞으로 채식주의자가 되어 볼까 생각 중일지도 모르겠네요. 하지만 균형 잡힌 식단으로 건강을 유지하는 일이 가장 중요하니 결정하기 전에 꼭 가족과 상의해 보세요.

   채식주의자는 식물 중심의 식단으로 영양분을 섭취해요. 곡물을 기를 때는 육류나 유제품을 생산하기 위해 동물을 기르는 것보다 땅과 물이 적게 필요해요. 당연히 환경에 주는 영향도 적은 데다 탄소 발자국, 온실가스 배출도 줄어들지요.

2분 임무: 밥이나 간식을 먹을 때 고기 대신 야채를 선택할 수 있다면 식물의 기운을 받아 보는 걸로 해요!
20점

비건 되기

비건이 된다는 건 오로지 식물만 먹는다는 뜻이에요. 고기와 생선은 물론 치즈, 우유, 요거트, 달걀과 꿀도 먹지 않아요. 사람들이 비건이 되는 가장 큰 이유는 동물 복지를 위해서예요. 또 동물성 식품을 먹지 않으면 지구에 끼치는 악영향을 줄일 수 있기 때문이기도 해요.

　비건이 되어도 균형 잡힌 식단을 짤 수 있도록 도와주는 대안 식품이 많아요. 따라서 비건이 되기로 마음먹는다면 식단에 우유와 치즈, 버터와 고기 대신 그 대용 식품을 넣을 수 있어요. 하지만 식단을 바꾸기 전에 먼저 부모님이나 보호자와 신중하게 계획을 세우세요. 슈퍼영웅으로서 맹활약하려면 충분한 에너지를 얻어야 하니까요!

평범한 슈퍼영웅

이름: 아담

직업: 카누 챔피언

슈퍼파워: 몸이 탄탄하고 건강해요.

기후변화와 싸우는 법: 나는 비건이에요. 부모님도 나를 따라 비건이 되었어요.

중요한 한마디: 식물성 식단도 건강에 아주 좋을 수 있어요!

싫어하는 것: 고기 먹기

좋아하는 것: 맛있는 음식

아담

식물이 주는 영향

식물성 식단이 지구에 좋은 건 사실이에요. 하지만 대안 식품을 고를 때도 생각할 거리가 있어요. 고기나 유제품을 대체하는 일부 작물들, 예를 들어 콩, 퀴노아, 아몬드 따위 역시 사실은 탄소 발자국이 커요. 게다가 포장 용기 재활용도 어렵고요.

쌀 우유

장점: 흔한 작물이라 따로 열대우림을 베어 낼 필요가 없어요.

단점: 해로운 화학물질이 가득한 농약을 쌀에 뿌리기도 해요.

아몬드 우유

장점: 다른 우유 대안 작물을 기를 때만큼 땅이 많이 필요하지 않아요.

단점: 기를 때 물이 많이 필요하고 꿀벌에게 해로운 방법으로 재배해요.

두유

장점: 우유와 비슷한 양의 에너지를 제공해요.

단점: 콩을 기르려고 열대우림을 베어 버려요.

2분 임무: 빵을 먹을 때 대안 우유를 곁들여 보세요. 대안 작물이 어디에서 재배되고 어떻게 포장되는지 생각해 보세요. 재활용이 가능한 포장인가요?
10점

집밥은 대단해!

어떤 식단을 택하든 재료를 사서 직접 요리해 먹는 것이 외식을 하거나 낱개 포장된 간편식을 사 먹는 경우보다 여러분과 지구를 위해서 훨씬 더 좋아요. 그렇게 하면 플라스틱 쓰레기 양도 줄일 수 있지요! 요리를 하면 포장 음식을 전자레인지에 데우는 것보다 시간이 많이 들겠지만, 비용이 더 많이 들지는 않을 거예요. 일주일에 한 번만이라도 부모님을 도와 요리를 한다면 여러분만 아니라 지구의 건강도 북돋을 수 있겠죠! 도서관이나 인터넷에서 어린이 슈퍼영웅에게 딱 맞는 레시피를 찾아보세요. 그리고 가족을 위해서는 어떤 요리가 좋을까 찾아보세요!

남은 음식도 소중하게

음식을 버리는 건 지구에게 정말로 못할 짓이에요. 에너지를 써서 가꾼 음식 재료를 쓰레기로 만들 뿐만 아니라 그걸 처리하느라 또 에너지를 쓰게 되니까요.  가정 쓰레기를 모아서 처리하는 과정에도 온실가스가 배출되고요. 그러니 앞에 놓인 채소를 다 드세요! 음식 낭비와 싸우려면 눈앞의 접시에 담긴 음식부터 다 먹어 치우세요!

2분 임무: 못다 먹은 저녁 식사는 그대로 버리지 말고 통에 담아 두었다가 나중에 간식으로, 또는 다음 날 저녁으로 드세요. 카레나 국은 언제나 다음 날이 더 맛있어요. 진짜 그래요!
5점

다섯 번째 임무
싱크대, 샤워, 변기를 사용할 때마다 기후변화와 싸우기

우리가 일상생활에서 물을 어떻게 쓰느냐도 에너지 사용량과 관련 있어요. 마셔도 될 만큼 깨끗이 물을 여과해 정화하고 집까지 보내고 씻기 좋도록 데우는 모든 과정에 전기나 가스가 들기 때문이에요.

물을 마시지 말고 목욕과 빨래도 하지 말자는 이야기가 아니에요. 고린내 나는 슈퍼영웅을 좋아할 사람은 없으니까요. 하지만 물을 적게 쓸수록 탄소 발자국을 많이 줄일 수 있어요. 그러면 지구에 더 좋지요! 그러니 이제부터는 번개처럼 빨리 샤워를 해 봐요!

물 사용이 어떻게 기후변화에 영향을 줄까요?
물을 지혜롭게 사용하면 할수록 지구에 도움이 된답니다.

설거지
물을 데우고 식기세척기를 돌리는 데 에너지가 필요해요.

빨래
세탁기는 옷을 빨기 위해 물을 데워요.

변기 물 내리기
우리가 사용하는 물의 30퍼센트가 변기 물을 내리는 데 쓰여요.

몸 씻기
샤워나 목욕을 하기 위해 물을 데우려면 에너지가 필요해요.

변기 물을 내리기 전에 잠깐!

변기 때문에 물 낭비가 심해질 수 있어요. 변기 물 사용량을 줄이면 1년에 수백 리터의 물을 아낄 수가 있어요. 그러면 여러분이 만드는 탄소 발자국 그리고 집에서 내는 수도비도 줄게 되죠. 일거양득이에요!

부모님이나 보호자의 도움을 받으면 변기 물을 내릴 때 물과 돈을 동시에 절약할 수 있는 장치를 쉽게 만들 수 있어요.

물이 펑펑 흘려요!: 가족이 네 명인데 한 사람당 하루에 네 번 변기를 사용한다고 계산해 볼까요? 한 번 물을 내릴 때마다 물 6리터를 사용하니까 1년이면 3만 5,000리터의 물을 쓰는 셈이에요. 변기 물을 내리는 데만요!

필요한 물품
깨끗한 500밀리리터 물병, 깨끗한 돌멩이 몇 개

❶ 부모님이나 보호자의 도움을 받아서 물병 윗부분을 잘라 내요.
❷ 변기 물탱크 뚜껑을 열고 한쪽 구석에 병을 넣어요. 병이 변기 안에 원래 들어 있던 장치에 닿으면 안 돼요.
❸ 병이 물 위로 뜨지 않도록 안에 돌을 채워 넣어요.
❹ 변기 물을 내려서 물탱크에 물이 차도록 하세요. 병에도 물이 들어가는지 확인하세요.
❺ 다시 물을 내려서 물병에 물이 그대로 차 있는지 보세요. 제대로 되었다면 변기 물을 내릴 때마다 병에 차 있는 물만큼 절약하고 있는 거예요!
❻ 물탱크 뚜껑을 닫으세요.

2분 임무: 부모님이나 보호자와 함께 변기 물을 절약하는 장치를 만들어 보세요.
20점

빈둥대지 마세요
샤워가 욕조에 물을 받아 씻는 것보다 물이 덜 들어요. 그러니 욕조에서 빈둥대는 대신에 샤워를 하세요!

빨리 샤워를 마쳐요
거기서 뭐해요? 샤워 시간을 반으로 줄이면 샤워할 때 쓰는 물도 반으로 줄일 수 있어요.

수도를 잠그세요
아직 수도를 잠그는 습관을 들이지 않았다면 지금부터 연습하세요. 이 닦는 동안 수도를 잠가서 물을 아끼세요. 아주 간단하지만 지구를 구할 수 있는 습관이에요.

찬물로 빨아요
빨래를 할 때는 30도 찬물에 옷을 빨아 보세요. 물 데우느라 쓰는 에너지를 절약할 수 있어요.

가득 채우세요
식기세척기에 그릇을 가득 채운 다음 돌리면 물과 전기를 절약할 수 있어요. 돈도 절약되고요! 설거지를 거들며 지구를 구하세요. 집안일도 돕고 슈퍼영웅 지위에 더 빨리 도달할 수 있으니 일석이조네요!

2분 임무: 매일 위에서 소개한 물 절약 활동 중 하나를 실천하세요. 각 5점

여섯 번째 임무

물건을 줄여서 기후변화와 싸우기

얼마나 많은 물건을 갖고 있나요? 그중 사용하는 물건은 얼마나 되나요? 그중 꼭 필요한 물건은 얼마나 되나요? 한 연구 조사에 따르면 열 살짜리 어린이는 평균 238개의 장난감을 가지고 있어요. 그중 늘 갖고 노는 장난감은 단 12개뿐이고요. 헐! 놀랍죠? 이제 지구를 사랑하는 마음으로, 여러분이 가진 물건을 줄이기 시작할 때가 왔어요.

물건을 많이 가지는 게 왜 나쁠까요?

장난감, 게임기, 악기, 스포츠 도구 따위는 전부 탄소 발자국을 가지고 있어요. 제품을 만들 때 사용한 에너지, 여러분에게 운송할 때 사용한 에너지, 나중에 폐기할 때 사용될 에너지 등이 포함되죠. 안에 배터리가 들었거나 플라스틱으로 만든 물건이라면 버릴 때 환경오염을 일으킬 위험도 있어요. 큰 문제죠. 어떻게 하면 좋을까요?

2분 임무: 방바닥에 장난감을 몽땅 펼쳐 놔 보세요. 지난 몇 달 동안 가지고 놀았던 것만 골라서 한쪽에 모으세요. 부서지거나 부품이 없어진 것들을 포함해서 나머지는 다른 쪽에 모으세요. 5점

필요 없는 물건은 어떻게 할까요?

필요 없어졌거나 가지고 놀고 싶지 않은 것들, 고장 나거나 애정이 안 가는 물건들은 여러분에게 쓸모 없을 거예요. 그러나 다른 사람들에게는 유용할 수도 있어요. 그러니 마구 버리지는 마세요! 물건에게 새로운 임자를 찾아 줄 네 가지 방법이 아래에 나와 있어요.

2분 임무: 장난감을 자선단체에 기부하세요. 그 단체가 좋은 일에 쓸 돈을 마련하게요.
10점

2분 임무: 장난감을 무료 장난감 대여 센터에 기부해서 다른 어린이들이 가지고 놀 수 있게 해 주세요.
10점

2분 임무: 쓰던 장난감을 동생뻘 어린이들에게 물려주세요. 잘 가지고 놀 테니까요.
10점

2분 임무: 벼룩시장을 열고 필요하지 않은 장난감을 팔아서 용돈을 버세요.
10점

물건을 너무 많이 갖지 마세요

언제 물건을 사나요? 용돈으로 사나요, 아니면 크리스마스 선물이나 생일 선물로 받나요? 특별한 날이 아니더라도 공부를 잘했다거나 집안일을 도왔다고 상으로 받았을 수도 있겠네요.

선물을 받거나 스스로 칭찬하는 의미에서 물건을 사면 기분이 좋아져요. 특히나 열심히 노력해서 얻은 용돈이라면 더욱 그렇죠. 하지만 색다른 선물을 받아 보는 건 어때요? 용돈을 물건을 사는 데 쓰지 않고 다른 곳에 써 보는 거예요. 예를 들면 하루 정도 나들이하는 건 어떨까요?

경험이 물건보다 좋은 이유

물건으로 얻는 기쁨은 오래가지 않아요. 배 속까지 짜릿짜릿한 느낌도 들지 않고요. 달릴 때처럼 숨이 차지도 않고, 너무 웃었을 때처럼 옆구리가 결리지도 않아요. 물건을 산다고 행복해질 수는 없어요.

선물 상자를 뜯거나 물건을 살 때 좀 흥분되긴 하지만 그 느낌이 오래가던가요? 반면 수영장 미끄럼틀을 타거나 자전거를 탈 때, 아주 맛있는 음식을 먹고 좋아하는 사람들과 함께할 때의 기분은 어떤가요? 물건을 받을 때보다 훨씬 편안하고 포근하고 행복하지요.

친구들과 함께 공원에서 놀 때가 혼자서 태블릿 앱으로 공원을 만들 때보다 훨씬 좋을 거예요. 그리고 가족과 함께하는 박물관 나들이가 선반을 가득 채운 피규어 컬렉션보다 훨씬 흥미롭겠지요.

2분 임무: 다음번 생일이나 크리스마스에 무슨 선물을 받고 싶으냐고 물어보면 하고 싶은 일을 떠올려 보세요. 물건을 갖는 대신 경험을 쌓고 싶다고 답해 보세요.
20점

최고의 경험
1. 기타 연주나 스케이트보드를 배워 보는 건 어때요?
2. 박물관이나 미술관 나들이를 가자고 하는 건요?
3. 좋아하는 스포츠 팀 경기를 보러 가는 건 어때요?
4. 영화나 뮤지컬을 보러 가는 건요?

일곱 번째 임무

전자 기기로
기후변화와 싸우기

여러분은 휴대전화를 가지고 있나요? 없을지도 모르겠네요. 하지만 분명 부모님께는 있겠지요! 그리고 여러분도 그게 뭐든 소소한 전자 기기를 갖고 있을 테고요. 가령 컴퓨터나 노트북, 비디오 게임기, 전자 장난감, 작은 게임기 같은 소형 전자 기기 말이에요. 그런데 나쁜 소식이 하나 있어요. 이것들은 모두 지구에 나쁜 영향을 줄 수 있어요. 하지만 조심해서 사용한다면 꼭 나쁘기만 한 건 아니에요.

전자 기기의 전력

전기 제품은 전기를 쓰기 때문에 모두 탄소 발자국을 남겨요. 대기 모드나 절전 모드에 있을 때조차도요. 그러니까 사용 중이 아닐 때는 플러그를 뽑아 놓는 것도 기후변화와 싸우는 아주 좋은 방법이에요. 간단하죠?

만약 배터리로 작동하는 제품이라면 재충전해서 쓸 수 있는 배터리 사용도 고려해 보세요. 한 번 쓰고 버리는 배터리보다 다시 쓰는 게 지구에 좋으니까요.

2분 임무: 이따금 사용하기 때문에 대기 모드로 켜 놓은 전자 기기가 집에 있다면 부모님께 플러그를 빼 놓아도 되는지 물어보세요.
5점

꼭 최신 전자 기기가 필요한 건 아니에요

전자 기기는 여러모로 유용해요. 하지만 신제품이 나와서 새로 사고 싶어지니 문제지요! 계속해서 신제품을 사다 보면 제품을 만드느라, 집까지 운송하느라, 그리고 쓰던 제품을 버리느라 온실가스 배출이 더욱더 심해져요.

어떻게 해야 전자 기기를 사용하면서도 기후변화와 싸울 수 있을까요? 제품을 가능한 오래 사용하세요! 애지중지하면서요. 전자 기기가 싫증이 나거나 고장 나면 어쩌죠? 다음을 보고 답을 찾아보세요.

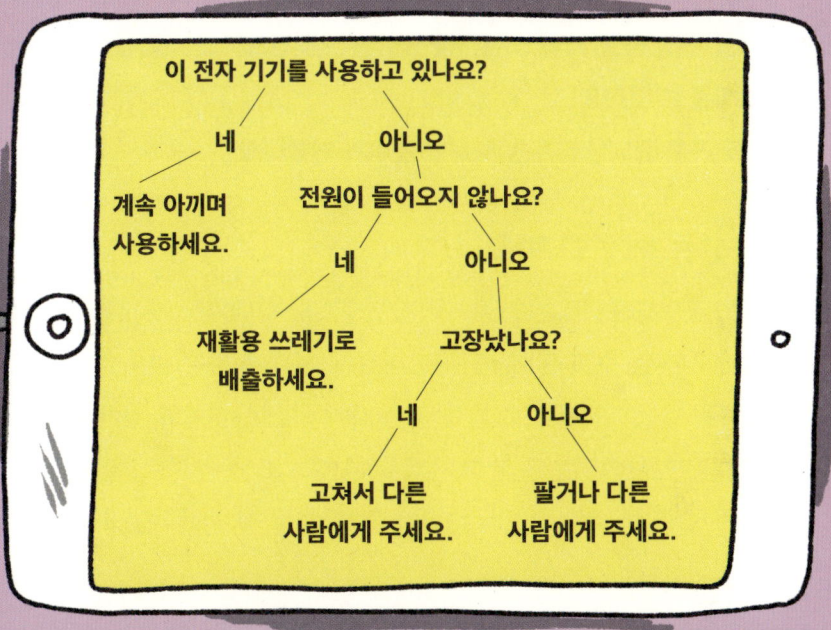

2분 임무: 여러분이 가진 오래된 전자 기기를 모두 살펴보세요. 작동하지 않는 기기는 수리할 수 있는지 알아보세요. 못 한다면 재활용 쓰레기로 배출하세요. 작동하면 다른 사람에게 그냥 주거나 기부하거나 부모님이나 보호자의 도움을 받아 중고로 팔아 보세요.
20점

여덟 번째 임무

옷으로 기후변화와 싸우기

#2분슈퍼영웅 여러분은 동네에서 어떤 옷을 입고 다니나요? 긴 망토를 걸치고 삼각 팬츠를 밖으로 내어 입나요? 아니면 복면을 하고 토끼 슬리퍼를 신나요? 그렇다면 아주 씩씩해 보이겠네요.

그런데 놀라운 사실이 있어요. 옷으로도 기후변화에 커다란 변화를 줄 수 있답니다. 굉장하죠? 스웨터를 갈아입는 것만으로도 여러분은 기후변화와 싸울 수 있어요!

이제 가장 중요한 임무를 시작할 준비가 되었나요?

재미있는 패션의 법칙

패션은 흥미로운 사업이에요. 전 지구적으로 이뤄지는 거대한 글로벌 산업이고 매년 수조 원이 오가요. 패션 회사의 성공은 소비자가 옷이 필요하든 말든 얼떨결에 후다닥 옷을 사게 하는 능력에 달렸어요. 옷에는 유행이 있는데 사람들은 그 유행을 따라하고 싶어해요. 그런데 유행이 너무 빨리 지나가 버리기 때문에 우리는 늘 새 옷이 필요하다고 생각하는 거죠.

여기서 비롯된 문제는 패션 산업의 자원 소비가 너무 빨라서 지구가 감당할 수 없을 정도라는 거예요.

물의 공포: 순면 티셔츠를 한 벌 만드는 데 필요한 물은 2,700리터예요. 청바지 한 벌은 9,000리터가 필요하답니다.

언제 패스트 패션이 생겼을까요?

최신 패션쇼 의상을 누구나 쉽게 살 수 있는 값싼 옷으로 바꾸는 산업을 가리켜 '패스트 패션'이라고 불러요. 몇 만원으로 누구나 할리우드 스타처럼 입을 수 있게 되었죠. 비록 그 옷을 만든 원단의 질이 떨어지거나 마감이 좋지 않더라도 말이죠. 여러분도 그런 옷을 사서 한 번 입고는 그냥 버린 경험이 있을 거예요.

패스트 패션 의상은 주로 합성섬유로 만들어요. 그런 섬유의 원료는 플라스틱이고요. 그렇다면 합성섬유로 된 의류를 만들자고 화석연료를 쓴다는 뜻인데, 알다시피 플라스틱은 폐기하기가 아주 힘들어요.

좀 어처구니없지요? 왜 돈을 써 가며 지구 자원을 낭비하는 걸까요?

충격적인 소식: 미국은 85퍼센트의 섬유 쓰레기를 태우거나 땅에 묻어 버린대요.

누가 옷을 만들까요?

의류의 문제는 재료, 운송, 쓰레기 처리에만 있는 건 아니에요. 수많은 의류 공장 노동자들이 어려운 환경 속에서 위험한 화학물질을 접하면서 일하고 있어요. 권리를 무시당하는 반면 임금은 너무 적게 받으면서 말이죠.

패션 낭비에 관해 무슨 일을 할 수 있을까요?

누구나 옷이 필요해요. 그러니 지구를 구하자고 옷을 안 살 수는 없겠죠! 옷은 언젠가는 망가지니까요. 특히나 자주 입어서 여러 번 빨거나 자전거를 타다 넘어져 찢어지는 경우에는 더 그렇죠.

슈퍼영웅들은 부모님이나 보호자가 옷을 사 주는 경우가 많을 거예요. 하지만 그렇다고 해서 여러분에게 옷 선택권이 없는 건 아니에요. 교복이야 대개 지정 가게에서만 사게 되지만 그 밖의 다른 것들은 변화를 꾀하기가 쉬워요! 다만 여러분이 겉모습에 관대한 마음만 가진다면요.

윤리적인 브랜드를 골라 구매하거나 더 나아가서는 직접 옷을 만들어 입어도 좋을 거예요. 그러려면 기술이 필요하겠지만 옷 만들기는 재미도 있고 유용한 데다가 돈도 많이 아낄 수 있어요. 목도리나 모자 뜨기를 배우는 것부터 시작해 그 다음 단계도 계속 밟아 보세요!

> **2분 임무:** 뜨개질과 바느질을 배우세요. 온라인에 과정이 많이 올라와 있어요. 작은 목도리를 떠서 목을 따뜻하게 보호하고, 구멍이 난 양말을 꿰메 자연도 보호하세요. 2분보다는 더 오래 걸리겠지만, 재미도 있고 자원도 절약할 수 있어요!
> 50점

지구 패션

꼭 백화점이나 쇼핑몰에서 스타일이 좋은 옷을 살 필요는 없어요. 유행을 따를 필요도 없고요. '지구 패션'은 보다 밝은 미래를 위해서 옷을 입는, 새로운 방식이에요. 여러분은 아래 유형 중 어디에 해당하나요?

슬로 패션 친구
품질 좋은 천연 섬유로 만든 옷을 입어요. 싸지는 않지만 오래 입을 수 있어요.

중고 슈퍼스타
인터넷 웹 사이트에서 유명 브랜드의 중고 상품을 사요. 돈을 많이 아끼죠.

자선 가게 유행 선구자
오래된 옷이 쓰레기가 되는 걸 막아요. 값싸지만 멋진 스타일을 완성하죠!

일단 해 보자 영웅
오래된 옷으로 새 옷 만들기를 즐겨요. 바느질, 뜨개질 등의 방법으로 새로운 옷을 만들죠.

옷장을 다시 정리하세요

 가지고 있던 옷을 활용할 수도 있어요. 옷장 속 옷을 종류별로 분류해 보세요. 몸에 안 맞는 옷, 안 입는 옷, 손봐야 하거나 낡아 버린 옷, 좋아해서 늘 입는 옷을 따로따로 모아 보세요.

안 맞는 옷
자선단체나 가족, 아는 동생에게 물려주세요.

안 입는 옷
배지나 리본, 혹은 천을 덧대서 맘에 들게 고쳐 입으세요. 아니면 자선단체에 주거나 부모님 도움을 받아서 온라인으로 팔아 보세요.

낡은 옷
바느질을 배워서 고쳐 보세요. 새것처럼 수선해서 좋다는 사람에게 주세요.

좋아하는 옷
애지중지하며 잘 입으세요. 낡으면 수선해서 입으세요!

> **2분 임무:** 위의 조언에 따라 옷장 속 옷을 분류하고 정리해 보세요.
> 5점

빨래로 기후변화와 싸우기

여러분은 이미 세탁할 때 왜 물을 아껴야 하는지 알고 있겠지요? 하지만 빨래 말리는 방법 또한 중요하다는 사실을 잊지 말아 주세요. 찬물로 옷을 빤 다음 건조기를 쓰지 말자고 건의해 보세요! 건조기는 전기를 아주 많이 사용하거든요. 여러분이 빨래를 건조대에 널어 말리는 일을 맡으면 지구에 도움이 될 뿐만 아니라 가족에게 엄청나게 칭찬받게 될 거예요.

2분 임무: 빨래집게 수호자가 되어 보세요. 다음번에 세탁기가 다 돌면, 건조기 대신에 빨래 건조대에 옷을 널어도 되냐고 부모님께 여쭤 보세요. 10점

아홉 번째 임무
정원에서 기후변화와 싸우기

기후변화와 싸우기에 여러분의 정원(창틀 위 화분이나 베란다에 꾸민 정원도 가능!)과 동네 공원, 학교는 더없이 좋은 장소예요. 우리가 자연을 돌본다는 건, 우리의 생태계를 돌보며 지구가 균형을 유지하도록 돕는다는 뜻이에요. 집 밖 공간 어디든 아무리 작고 보잘것없는 곳이라도 꽃과 벌레, 동물과 새를 품을 수 있어요. 그러니 슈퍼영웅 장갑을 끼고 어서 나가서 식물을 심어요.

어떻게 정원으로 기후변화와 싸울 수 있을까요?

사람들은 자연이 친구라는 사실을 가끔 잊고 살아요. 오히려 마치 원수처럼 다루죠! 잡초를 뽑고 풀을 베고는 콘크리트 길을 내려고 나무를 깎아 버려요. 만약 사람들이 동물과 식물, 새와 벌레를 보살펴 준다면 지구는 더욱더 건강해질 거예요. 여러분의 집 밖 공간에 자연이 무성해질 수 있도록 조금만 변화를 준다면 그것만으로도 지구는 크게 달라질 수 있어요.

야생생물 거들어 주기

자연은 그 자체로 멋지지만 때로는 여러분의 도움이 필요해요! 한때 주변에서 흔히 볼 수 있던 동물과 새, 벌레들이 기후변화로 살 곳을 잃고 힘든 시간을 보내고 있어요. 그래도 좋은 소식이 있어요. 우리가 새와 벌레, 개구리에게 집과 먹이, 물을 줄 방법이 아주 많다는 거죠!

모이통을 놓아 새에게 모이를 주세요.

새가 목욕을 하거나 물을 먹을 수 있도록 얕은 물그릇을 놓으세요.

벌이나 곤충에게 친화적인 식물을 심으세요.

곤충들이 기어다닐 수 있도록 통나무를 쌓아 두세요.

화학 살충제는 쓰지 마세요.

2분 임무: 여러분의 정원으로 자연을 받아들이세요. 위의 방법 중 한 가지, 혹은 모두 다 실천해 보세요.
각각 10점

믿음직한 꿀벌

꿀벌은 작지만 정말 중요한 곤충이에요. '수분'이라고 부르는 일을 하거든요. 수분은 어느 한 꽃의 수술에 있는 꽃가루를 다른 꽃 암술에 날라 주어 씨를 맺게 하고 그 식물의 번식을 돕는 거예요. 그런데 슬프게도 기후변화 때문에 벌의 서식처가 사라지고 있어요. 꿀벌이나 꽃가루 수정을 돕는 다른 곤충이 없다면 식물은 번식할 수 없어요. 그렇게 되면 우리가 먹을 곡식이 부족해질 수도 있어요! 꿀벌을 도와줄 방법은 정원이나 건물 옥상에 꿀벌 호텔을 만들어 주는 거예요.

2분 임무: 꿀벌 호텔을 만드세요.
30점

필요한 것
9~15센티미터 크기의 흙으로 만든 화분, 폭이 다양한 대나무 대, 찰흙, 실

❶ 어른에게 부탁해서 대나무 대를 화분에 들어갈 길이로 잘라 달라고 하세요.

❷ 대나무를 다발로 만들어 실로 묶어요.

❸ 화분 바닥에 찰흙을 깔고 대나무 꾸러미를 박아요.

❹ 비가 들이치지 않는 곳에 여러분이 만든 꿀벌 호텔을 놓아요. 볕이 잘 들고 그늘지지 않아야 해요. 겨울이 되면 차고 건조한 곳으로 옮겨 놓으세요.

잔디로 기후변화와 싸워요

잔디는 기후변화를 막을 힘이 있어요. 자라면서 이산화탄소를 흡수하거든요. 우리가 해야 할 중요한 역할은 자연을 도와 탄소를 저장하도록 하는 거예요. 탄소를 저장할 수만 있다면 어디든 괜찮아요. 그 일을 여러분 정원에서 시작해도 되지요. 지구를 위해서는 잔디가 멋대로 길게 자라도록 내버려 두는 게 제일 좋아요. 풀이 길어야 벌레, 새, 그리고 다른 동물들에게 더 좋은 보금자리가 된답니다.

2분 임무: 부모님에게 잔디를 좀 더 길게 키우자고 말해 보세요. 가족이 깔끔한 잔디가 더 좋다고 하면 정원 일부를 여러분이 맡아 야생 상태로 가꿀 수 있도록 허락을 구해 보세요. 풀이 자라면 그 속에서 꽃과 벌, 벌레를 찾아보세요.
20점

빗물 모으기

물을 이동시키고 정화하느라 에너지를 쓰기 때문에 수돗물도 기후변화에 영향을 주는 요인이에요. 그러니 화초에 주는 물조차 공짜라고 할 수는 없죠. 아, 잠깐! 그런 물이 있긴 하네요! 비가 올 때마다 몇 리터나 되는 물이 쏟아지는데, 그걸 받아 두면 수돗물을 안 쓰고도 정원에 물을 줄 수가 있을 거예요.

2분 임무: 물이 새지 않는 큰 통으로 집 지붕이나 학교 처마 밑으로 떨어지는 빗물을 받을 수 있어요. 어른의 도움을 받아서 빗물 홈통이 물통 안으로 들어가게만 해 두세요. 빗물 퍼낼 바가지가 들락거릴 수 있을 만큼 크고 위가 뚫려 있으면 되어요. 통이 가득 찰 때를 대비해 넘치는 물이 잘 흘러가도록 처리해 두세요.
20점

슈퍼 흙

지구를 사랑하는 슈퍼영웅에게 진창 따위는 두렵지 않아요! 양분이 풍부한 흙은 식물과 식량을 기르는 데 필요한 모든 것이 담겨 있어요. 그런 흙이 없다면 정말 낭패일 거예요. 반면에 척박한 땅은 화학물질과 살충제, 비료가 있어야 작물을 기를 수 있어요.

화학물질을 쓰지 않고 흙의 질을 개선할 수 있는 제일 좋은 방법은 퇴비를 주는 거예요. 여러분도 직접 해 볼 수 있어요. 마당에 여유 공간이 있다면 퇴비 쌓는 곳으로 쓰면 아주 좋을 거예요. 과일 껍질이나 정원에서 뽑은 풀도 처리할 수 있으니까요.

혹시 집에 그런 공간이 없다면 나라에서 여러분이 버리는 과일, 채소, 음식물 쓰레기를 수거해서 퇴비로 만들기도 한다는 사실을 알아 두세요.

> **2분 임무:** 집이나 학교에서 나온 조리하지 않은 음식 쓰레기, 정원 쓰레기, 잔디 깎은 것 따위로 퇴비를 만들 수 있어요. 종이도 어떤 종류는 가능해요. 이 임무를 완수하려면 2분 넘게 걸리겠지만 결과는 만족스러울 거예요!
> 50점

퇴비 만드는 법

❶ 퇴비 통으로 쓸 만한 큰 통을 준비하세요.
❷ 너무 덥지도 춥지도 않은 곳에 통을 두세요. 흙 위도 좋고 단단한 바닥 위도 좋아요.
❸ 맨 처음은 흙을 통에 넣으면서 시작해요. 화단 흙 몇 삽이면 충분해요.
❹ 그 위에 채소, 과일 조각, 깎아 낸 잔디 등을 넣고 뚜껑을 닫으세요.
❺ 이따금 갈퀴로 휘저어서 내용물에 공기가 들도록 하세요.
❻ 몇 개월이 지난 후 분해가 끝나면 여러분 정원에 뿌려 보세요.

흙 속 지렁이가 슈퍼영웅인 이유

▲ 지렁이는 기생충을 잡아먹고 엉킨 풀뿌리를 풀어 줘요.
▲ 흙에 공기를 불어넣고요.
▲ 지렁이가 지나간 곳은 물 빠짐도 좋아져서 흙 사이로 물이 잘 흘러요.
▲ 영양분 많은 똥을 눠서 흙에 양분을 듬뿍 채워 줘요.

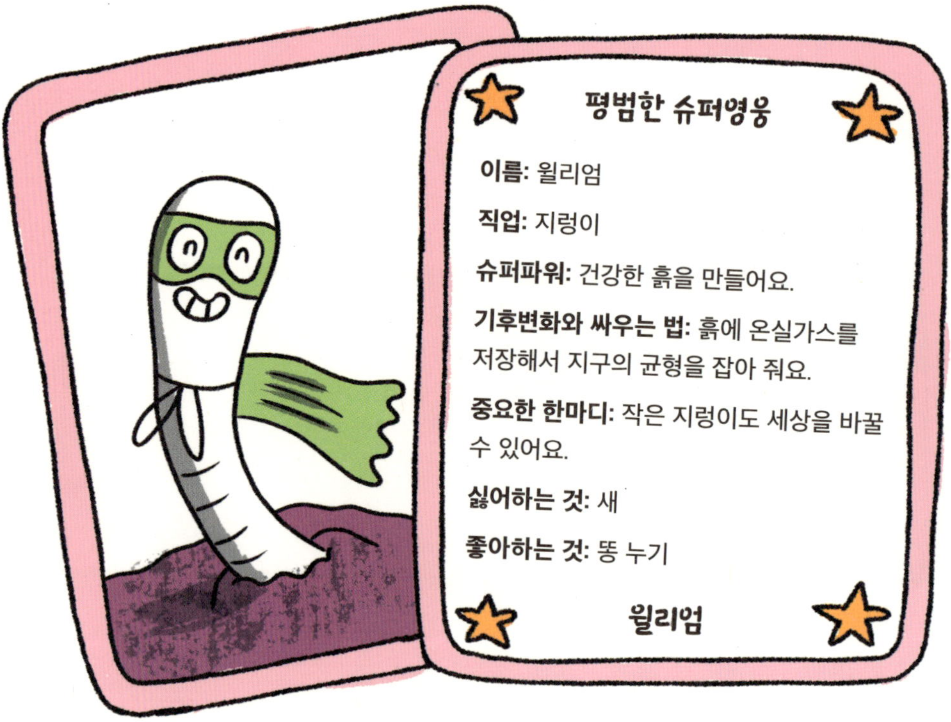

평범한 슈퍼영웅

이름: 윌리엄

직업: 지렁이

슈퍼파워: 건강한 흙을 만들어요.

기후변화와 싸우는 법: 흙에 온실가스를 저장해서 지구의 균형을 잡아 줘요.

중요한 한마디: 작은 지렁이도 세상을 바꿀 수 있어요.

싫어하는 것: 새

좋아하는 것: 똥 누기

윌리엄

도시 정원을 가꿔요

집에 마당이 없거나 실외 공간이 부족한 도심에 산다 해도 동식물이 살 만한 터를 마련할 수 있어요. 꽃과 벌레는 실외라면 어떤 곳에서든, 다시 말해 창턱이나 베란다, 아니면 잊어버리고 방치해 둔 화단에서도 잘 살 수 있어요. 어디서든 자연을 살려 낼 수 있으니 여러분이 자연을 사랑하고 보살펴 주세요.

슈퍼영웅인 여러분의 애정이 필요한 장소를 찾아보세요. 화분도 좋고 화단 한구석 손바닥만 한 땅뙈기, 집이나 잊고 지내던 공원 한쪽 모퉁이도 좋아요. 가족이나 이웃에게 도움을 요청해 가꿔 보세요.

♣ 쓰레기가 있다면 치우세요.
♣ 도움을 받아서 쇠스랑으로 흙을 뒤집고 주위에 풀이 있다면 정리해서 씨 뿌릴 공간을 만드세요.
♣ 봄가을에 야생화 씨를 뿌리세요.
♣ 한 걸음 물러나 가끔 물을 주고 씨가 자라는 모습을 지켜보세요.

> **2분 임무:** 게릴라 정원사가 되어 도시 정원을 직접 만들어 보세요. 꿀벌 호텔과 부러진 나뭇가지, 통나무 조각으로 곤충이 살 수 있는 공간을 만들어요. 어떤 생물이 여러분의 정원에 찾아올까요?
> 30점

열 번째 임무

이동하면서 기후변화와 싸우기

학교에 갈 때나 쇼핑하러 갈 때, 혹은 친구나 친척을 만나러 갈 때 어떻게 이동하나요? 차, 버스, 기차 아니면 자전거를 타나요? 혹시 태양열 발전기를 단 마법의 양탄자로 날아가는 건 아니겠죠?

　이동 방법에 따라 기후변화에 막대한 영향을 줄 수 있어요. #2분슈퍼영웅으로서 해야 할 임무는 여러분과 가족들이 매일 어떻게 이동할지 생각해 보고 좀 더 지구에 좋은 방법을 선택해 기후변화와 싸우는 거예요. 지구에 주는 충격을 줄일 수 있다면 뭐든 시도해 보세요. 어떤 변화라도 큰 차이를 낼 수 있어요.

가장 지구 친화적인 이동 방법은 무엇일까요?

#2분슈퍼영웅은 지구를 구하기 위해 이리저리 쫓아다녀야 하니까 많이 이동해야 할 거예요. 그런데 이동에 가장 좋은 방법은 뭘까요? 걷기, 자전거 타기 아니면 자동차나 버스 타기? 퀴즈로 확인해 봐요!

2분 임무: 이동 퀴즈 시작! 이동 수단의 순위를 매겨 보세요. 다음 메모에 적힌 이동 수단 중 가장 지구 친화적인 수단부터 순서대로 써 보세요. 10점

이동 퀴즈

❶ 버스
❷ 전동 킥보드
❸ 자전거
❹ 걷기
❺ 자동차
❻ 기차

힌트: 걷기가 여러분의 비밀 파워라는 사실을 기억하세요!

정답: 걷기, 자전거, 전동 킥보드, 기차, 버스, 자동차

이동에 필요한 동력

우리의 교통망은 여러 가지 다른 방식으로 동력을 공급받아요. 화석연료는 오염이 가장 심하고 파괴적이지요. 반면 전기는 효율이 더 크고요. 특히 재생 가능한 자원으로 얻은 전기라면 더 좋지요. 그러나 가장 좋은 건 여러분 스스로의 힘을 이용한 자전거 타기나 걷기랍니다!

자동차: 대개 화석연료(휘발유나 디젤)의 힘으로 가요. 요즘은 전기차도 점차 인기를 얻고 있지요. 혼자서 차로 이동하는 것이 지구에 가장 해롭답니다.

버스: 주로 화석연료의 힘으로 가요. 하이브리드(화석연료와 전기를 사용)와 전기차 모델이 있지만요. 한 번에 많은 사람이 탈 수 있어요.

기차: 대개 전기로 가요. 어떤 모델은 디젤을 쓰지만요. 한 번에 아주아주 많은 사람이 탈 수 있어요.

전동 킥보드: 내장된 충전 배터리의 힘으로 가요. 전기를 이용하니 충전을 해야 해요.

자전거 타기나 걷기: 지구에 가장 이로운 이동 수단이에요. 게다가 건강에도 좋아요!

이동 수단을 바꾸세요

여러분이 이동하는 수단을 살펴볼 때가 되었어요. 다음번에 어딘가 가게 되면 얼마나 지구 친화적인 수단으로 갈 것인지, 자동차를 타지 않고 여러분의 힘을 이용해 갈 수 있는 거리인지 고민해 보세요. 학교에 갈 때나 쇼핑하러 갈 때, 친구나 친척을 만나러 갈 때 평소와 다른 이동 수단을 선택할 수 있나요?

현재 이동 방법은?	지구를 지키는 이동 방법
자동차	자동차
걷기	걷기
전동 킥보드	전동 킥보드
자전거	자전거
버스	버스
기차	기차

2분 임무: 다음 주 여러분이 가야 할 곳을 생각해 보세요. 그중 대중교통을 이용하거나 걷거나 자전거를 탈 수 있는 경우가 있나요?
각 이동마다 10점씩

왜 걷기가 좋을까요?

걷는 것만으로도 지구를 지킬 수 있다고 생각해 본 적이 있나요?

걷기는 탄소를 배출하지 않아요. 여러분이 방귀만 안 뀌면요!

걸으면서 친구나 가족과 대화도 할 수 있지요.

우리 모두 '워킹 스쿨 버스'를 타요

워킹 스쿨 버스는 부모나 보호자가 아이들을 학교까지 데려다주는 걷기 조직이에요. 등교에 아주 좋은 방법이지요. 재미있고 건강에도 좋을 뿐 아니라 부모님이 차로 아이들을 학교에 데려다주느라 쓰는 시간을 아낄 수도 있어요!

굳건한 진실: 평균적으로 사람들이 걷는 속도는 대략 시속 5킬로미터예요. 평생 17만 7,000킬로미터 정도를 걷는답니다.

걷기는 건강과 체중 조절에 좋아요.

걷기는 부모님이나 보호자에게도 좋아요!

주위를 제대로 볼 수 있어요.

걷기는 여러분의 정신 건강에 도움을 줄 거예요.

2분 임무: 학교까지 걸어갈 수 있나요? 걸어갈 수 있는 거리인데도 평소에 차를 탔다면 부모님이나 학교에 부탁해서 가까이 사는 아이들과 함께 워킹 스쿨 버스를 꾸려 보세요. 여러분이 걸을 때 입을 수 있게 학교에서 형광 조끼를 빌려 줄 수도 있어요.
30점

차 타고 등교하기

걸어가기에 학교가 너무 멀거나, 부모님 또는 보호자가 걸을 시간이 없다면 차로 등교를 도와줄 거예요. 하지만 이런 통학은 기후변화와 관련한 문제를 일으켜요. 특히 거리가 짧은 데다 차를 타는 사람이 운전자와 여러분뿐이라면 더욱 심각한 일이지요. 자원을 효율적으로 쓰지 못하는 경우니까요.

통학 통계: 영국에서는 등하교를 위한 차량 운행을 매년 10억 번이나 한대요!

만약 차량 등교 외에 다른 방법으로는 학교에 갈 수 없다면 근처 사는 친구들과 자동차를 함께 타는 '카풀'을 하는 것도 좋은 방법일 거예요. 친구들 부모님과 여러분 부모님이 의논하도록 하세요. 가까운 친구가 없다면 포스터를 만들어서 학교에 붙이거나 선생님께 카풀할 친구를 알아봐 달라고 부탁하세요. 등교와 하교를 담당할 부모님을 각각 정하세요. 모두가 시간과 비용을 아낄 수 있어요!

2분 임무: 카풀 모임을 만들어서 근처 사는 친구들과 등하교를 같이 하세요. 덤으로 새로운 친구를 사귈 수 있는 행운도 생긴답니다!
30점

자전거를 탈 때가 되었어요!

여러분은 자전거가 있나요? 부모님도 자전거를 갖고 있나요? 그렇다면 쓰세요! 자전거는 세상에서 가장 깨끗한 녹색 교통수단이에요. 자전거 타기는 건강에 좋고 값싸면서 즐겁기까지 하죠.

자전거 안전 교육

영국에서는 4학년~6학년 학생들에게 학교에서 자전거 안전 교육을 해요. 전문 선생님이 안전하게 자전거 타는 법을 가르쳐 주지요. 이런 수업을 통해 안전 고깔 사이를 누벼 보고, 신호 넣는 법을 배우고 자전거에 대한 모든 것을 익힐 수 있어요. 잘하면 슈퍼영웅 자전거 선수가 될 수도 있겠죠? 그래도 자전거 탈 때 망토는 걸치면 안 돼요.

> **2분 임무:** 학교나 사는 지역의 구청, 전문기관에서 자전거 안전 교육을 받을 수 있나요? 그렇다면 등록하세요! 아니라면 선생님께 강좌를 열어 달라고 부탁하세요.
> 20점

가족, 친구들과 함께 자전거로 놀아요

자전거는 함께 타면 더욱 재미있어요. 우리나라 곳곳에 자전거 전용 도로가 있답니다. 자동차가 다니지 않아 안전하고 바닥이 푹신하면서도 매끈해 자전거가 가기에 수월한 길이지요. 헬멧과 집에서 만든 맛있는 간식을 챙겨 오는 것 잊지 마세요.

> **2분 임무:** 자전거 나들이를 계획해 봐요! 자전거 전용 도로는 포털 사이트와 스마트폰 길찾기 앱에서 찾아볼 수 있어요.
> 20점

페달 파워

혹시 자전거로 통학할 길이 없거나 집 근처에서 자전거 타기가 힘들면 뭔가 방법을 찾아야 해요. 활동가로서 활동을 시작할 때라고요! 지역 대표 국회의원이나 시의원에게 청원 글을 쓰세요. 모두를 위해서 자동차가 없는 안전한 자전거 길을 만들어 달라고요. 자전거는 우리 건강뿐만 아니라 지구를 위해서도 좋다는 사실을 꼭 일깨워 주세요. 자전거에 오른 슈퍼영웅 여러분, 힘내요. 이제 진짜 여정이 시작될 거예요!

2분 임무: 지역 대표 국회의원이나 시의원에게 여러분이 사는 동네에 안전한 자전거 길을 만들어 달라고 요청하세요. 학교에 가거나 친구와 친척을 만나러 가거나 물건을 사러 갈 때 모두 자전거를 타고 갈 수 있게요! 30점

열한 번째 임무

휴가 중에도 기후변화와 싸우기

누구나 휴가를 좋아하지요. 물론 나도 그래요. 하지만 딱 하나 문제가 있어요. 며칠 휴가를 떠난다는 건 탄소 발자국을 키운다는 뜻이거든요.

그렇다고 여러분에게 휴가를 가면 안 된다고 말하는 게 아니에요! 아니고말고요! #2분슈퍼영웅은 의로운 일을 하면서 가끔 휴식을 취할 필요가 있으니까요. 문제는 휴가를 가는 방식이에요. 1년에 여러 번 휴가를 가는데, 매번 비행기를 타고 간다면 특히나 문제가 되지요. 지구에 좋은 휴가는 어떤 것일지 정리해 보아요!

가장 친환경적인 녹색 교통수단은 뭘까요?

간단히 말해서 1인당, 킬로미터당 따져 볼 때 가장 공해가 심한 건 비행기예요. 기차나 버스는 그보다 낫고요. 그리고 이미 알다시피 걷기나 자전거 타기가 훨씬 더 좋답니다!

여러분에게 가족 휴가를 어디로 어떻게 갈지 결정할 권한이 없을 수 있어요. 그래도 가족들의 결정에 영향을 줘서 기후변화와 싸울 수는 있겠죠. 가족 휴가를 갈 때 비행기를 타지 않는 경우가 많으면 많을수록 그만큼 여러분은 지구를 지키는 거예요. 가능한 자동차 여행도 줄이고 기차나 버스를 탄다면 더 좋고요. 자전거를 타거나 걸어갈 수 있는 여행이라면 최고일 거예요!

비행 팩트: '플뤼그스캄(flygskam)'이라는 운동이 있어요. 기후변화를 염려해서 비행기 여행을 피하자는 민간 운동이지요. 이 단어는 스웨덴 말로 '비행은 부끄럽다'는 뜻이에요.

지구 친화적인 휴가를 보낼 수 있을까요?

기억에 남는 휴가를 보내고 싶다고 해서 멀리 떨어진 곳으로 갈 필요는 없어요. 2020년 코로나19 팬데믹으로 우리가 알게 된 것이 있어요. 햇빛 좀 쐬자고 수십만 킬로미터 떨어진 곳으로 가는 것보다 집이나 국내에 머무르는 것도 충분히 좋다는 사실이죠. 지구 친화적인 여행 아이디어 몇 가지를 적어 봤어요.

- **집캉스:** 집에서 머무르며 평소 시간이 없어 못했던 일을 하면서 쉬어요.
- **국내 휴가:** 어디든 국내로 여행을 떠나요.
- **모험 휴가:** 일단 목적지에 도착한 다음, 차는 타지 말고 대신 재미있는 야외활동을 많이 해요.
- **자전거 여행:** 자전거 길을 따라 자전거 여행을 해요.
- **걷기 여행:** 기차를 타고 가서 걸어 다녀요.
- **캠핑 여행:** 멋진 캠핑 장소를 골라 보세요.

기후변화와 싸우기 위한 휴가 조언

1. 재사용할 수 있는 물병을 잊지 마세요.
2. 재사용할 수 있는 본인 빨대도 가져가세요.
3. 작은 플라스틱 통에 담긴 샴푸 말고 고체 샴푸를 가져가세요.
4. 구매한 물건을 담을 수 있도록 재사용이 가능한 장바구니를 가져가세요.
5. 휴가용으로 받은 용돈을 물건을 사는 게 아니라 경험을 얻는 데 쓰세요.
6. 가서는 걷거나 자전거를 빌려 타고 돌아다니세요.
7. 여행지의 지역 경제를 도울 수 있는 기념품이나 지역 특산물을 선물용으로 사 보아요.
8. 여행지에서 #2분해변청소를 하거나 #2분쓰레기줍기를 하세요.

집캉스가 좋은 이유!

집캉스가 최고예요! 이동만 안 할 뿐 휴가와 똑같잖아요! 집캉스는 집에서 보내는 바캉스예요. 학교에 가고 공부하느라 좀처럼 시간이 나지 않아서 할 수 없었던 일을 전부 해 보는 때지요. 멀리 안 가도 되고 비용도 얼마 들지 않아요!

친구들과 놀기

장거리 자전거 여행 떠나 보기

박물관이나 미술관 가기

안 해 본 스포츠에 도전해 보기

집 근처에서 공짜로 할 수 있는 활동 찾아보기

공원이나 산에서 오랫동안 느긋하게 산책하기

2분 임무: 다음번 집캉스 때 위의 활동을 한 가지씩 해 보세요.
각 10점

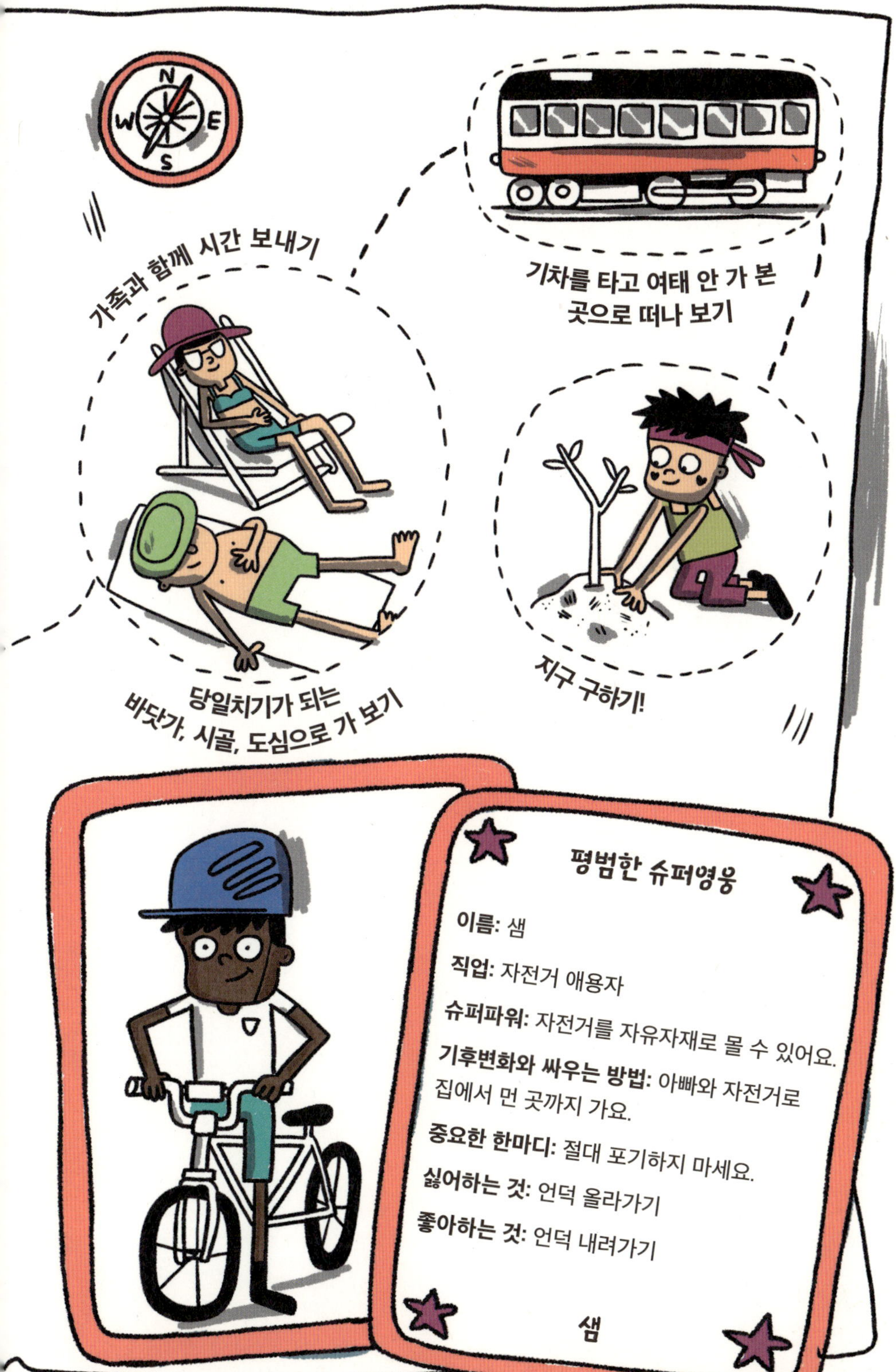

가족과 함께 시간 보내기

기차를 타고 여태 안 가 본 곳으로 떠나 보기

당일치기가 되는 바닷가, 시골, 도심으로 가 보기

지구 구하기!

평범한 슈퍼영웅

이름: 샘

직업: 자전거 애용자

슈퍼파워: 자전거를 자유자재로 몰 수 있어요.

기후변화와 싸우는 방법: 아빠와 자전거로 집에서 먼 곳까지 가요.

중요한 한마디: 절대 포기하지 마세요.

싫어하는 것: 언덕 올라가기

좋아하는 것: 언덕 내려가기

샘

열두 번째 임무

마트에서 기후변화와 싸우기

마트는 기후변화와 싸우기에 대단히 좋은 장소예요. 식품과 관련해 재배, 운송, 포장부터 쓰레기에 이르기까지 정말 많은 요소가 지구에 해로울 수 있거든요. #2분슈퍼영웅이라면 에너지 사용을 줄이고 자연을 돕기 위해 노력해야 해요.

어떤 먹거리는 한때 숲이었던 곳을 깎아 내고 길러요. 어떤 먹거리는 거대한 농장에서 기르는데, 이런 곳은 다른 식물이나 야생 생물이 살 수 없도록 관리해야 하기 때문에 자연에 좋지 않아요. 또 어떤 먹거리는 수천 킬로미터 떨어진 곳에서 운송해 오면서 탄소 발자국이 엄청 많아져요. 우리가 무얼 사는지, 그게 어디서 오는지 생각해 볼 필요가 있어요.

먹거리가 숲의 자리를 차지할 때

식량을 재배할 때는 아주 넓은 땅이 필요해요. 인구수가 아주 많으니까요! 그래서 남아메리카와 인도네시아의 열대우림을 깎아 내고 사람과 가축이 먹을 작물을 기르거나 가축을 풀어놓고 풀을 뜯게 하고 있어요. 알다시피 숲은 지구 건강에 필수적인데 말이지요. 나무가 이산화탄소를 흡수하기 때문에 숲이 기후변화와의 싸움에서 아주 중요하거든요.

잘 가라, 숲이여!: 2017년 통계에 따르면 1초마다 축구장 1개 크기의 숲이 지구에서 사라지고 있다고 해요.

식품 운송 거리

마트 덕분에 우리는 겨울에도 딸기를 먹고 매일 아침 식사로 바나나를 즐길 수가 있어요. 우리는 원한다면 1년 중 어느 때나 거의 모든 먹거리를 구할 수가 있지요. 하지만 문제는 수천 킬로미터를 가로질러 그 먹거리를 우리 동네 마트 선반까지 옮기는 과정이에요. 트럭, 기차, 배를 이용해 식품을 운송하느라 많은 온실가스가 배출되거든요. 그러니 식품 운송 거리를 줄이기 위해 노력해야 해요.

포장 쓰레기

가정에서 배출하는 쓰레기 가운데 음식 포장재가 높은 비율을 차지하고 있어요. 이런 포장재 처리가 아주 큰 골칫거리예요. 수거와 재활용에 에너지가 많이 드니까 기후변화에도 미치는 영향이 크죠. 무엇보다 포장재를 만드느라 쓰는 자원도 아주 많아요. 플라스틱과 종이를 만들려면 석유와 나무를 써야 하잖아요.

가까운 곳의 제철 먹거리를, 플라스틱 없이!

예전에는 가까운 곳에서 생산되는 먹거리만 먹을 수 있었어요. 그러니까 계절에 따라 그때 자라는 먹거리만 먹을 수 있었어요. 가령 딸기는 여름에, 사과는 가을에, 방울 양배추는 크리스마스 즈음에 먹었지요. 이편이 지구에는 더 좋아요. 가까운 곳에서 자란 먹거리가 우리에게 오려고 수천 킬로미터를 가로지르지는 않으니까요. 여러분이 산지 직거래 장터라든가 동네 가게에서 식재료를 사고, 더 나아가 장바구니를 가져가기까지 한다면 정말 좋을 거예요. 식품 운송 거리와 플라스틱 쓰레기를 생각했을 때 말이죠!

2분 임무: 다음번 마트에 가서 야채·과일 코너에 들르면 상품 원산지가 어디인지 살펴보세요. 집과 가까운 곳에서 왔거나 플라스틱으로 포장되지 않은 것이 있나요?
10점

숨은 원료

가공 포장된 음식들, 예를 들어 과자나 시리얼, 소시지 같은 음식에는 다양한 재료가 들어가요. 문제는 그중 많은 재료가 해외에서 재배된다는 점이에요. 다시 말해 그 재료가 아주 먼 거리를 이동해 가공 공장에 도착한다는 거지요. 게다가 어떤 재료는 숲을 파괴하고 만든 커다란 농장에서 재배한 작물이고요.

평범한 슈퍼영웅

이름: 아치

직업: 오랑우탄

슈퍼파워: 용감해요!

기후변화가 내게 미치는 영향: 팜유를 얻자고 불도저가 와서 내가 사는 숲을 베어 냈어요.

중요한 한마디: 팜유를 사지 마세요!

싫어하는 것: 멸종 위기에 처하는 것

좋아하는 것: 숲을 가만히 놔두는 것

아치

팜유 사용을 멈추세요

팜유는 감자 칩에서 국수, 비스킷, 피자, 비누, 영양 크림까지 온갖 종류의 상품에 다 들어가요. 값이 싸고 용도가 다양해서 말레이시아나 인도네시아 같은 나라에서는 팜유를 얻기 위해 원료인 기름야자를 대량으로 키우고 있지요. 문제는 팜유의 수요가 너무 큰 나머지 사람들이 열대우림을 파괴하면서까지 기름야자를 기른다는 점이에요. 그 바람에 오랑우탄 같은 동물들이 살 곳을 잃게 되었고 넓은 지역의 생태계가 파괴되었어요. 숲이 영원히 사라지는 거예요.

2분 임무: 아주 재미있는 게임이에요! 다음에 부모님이나 보호자와 함께 마트에 가면 여러분이 사는 포장 식품의 원료를 알아보세요. 혹시 원료 목록에 팜유가 있나 보세요. 성분표에서 이런 단어를 찾으면 된답니다.

식물성 유지, 식물성 기름, 팜핵(palm kernel), 팜핵유(palm kernel oil), 팜과유(palm fruit oil), 팔메이트(palmate), 팔미테이트(palmitate), 팜유(palmolein), 글리세릴(glyceryl), 스테아레이트(stearate), 스테아르산(stearic acid), 기름야자 오일(elaeis guineensis), 팔미트산(palmitic acid), 팜스테아린(palm stearine), 팔미토일옥소스테아라마드(palmitoyl oxostearamide), 팔미토일 테트라펩타이드-3(palmitoyl tetrapeptide-3), 소듐라우레스설페이트(sodium laureth sulfate), 소듐라우릴설페이트(sodium lauryl sulfate), 소듐 커넬레이트(Sodium Kernelate), 소듐팜커넬레이트(sodium palm kernelate), 소듐라우릴락틸레이트(sodium lauryl lactylate), 하이드레이티드팜 글리세라이드(hydrated palm glycerides), 에틸팔미테이트(ethyl palmitate), 옥틸팔미테이트(octyl palmitate), 팔미틸알코올(palmityl alcohol)

이런 단어가 보이면 그 제품 대신 RSPO 로고(믿을 만한 방식으로 재배된 팜유만 사용한 제품이라는 보증)가 붙은 다른 제품을 고르세요. 그런 대안이 없다면 그 제품을 아예 사지 않는 건 어때요?
20점

열세 번째 임무

학교에서 기후변화와 싸우기

여러분은 1년에 평균 190일을 학교에서 보내요. 여러분의 생활에서 아주 긴 시간이지요! 그러니 집이나 정원 그리고 휴가 때도 그랬듯이 학교에서도 기후변화와 싸워야 하지 않겠어요? 이에 대한 대답은 그럴 수 있고, 그래야 하고, 그럴 거라는 거지요!

만약 학교가 제2의 집이라고 생각한다면 기후변화와 싸우는 방법을 생각하기 쉬워져요. 특히나 선생님에게도 여러분이 하는 #2분슈퍼영웅 임무를 같이 해 달라고 요청한다면 말이죠!

선생님들은 내가 아는 사람 중에서 가장 환경친화적이고 재미있는 멋쟁이예요. 그리고 한 가지 장담하는데, 선생님들 역시 여러분 못지않게 지구를 구하고 싶은 마음이 크답니다. 그러니 주저하지 말아요!

일단 시작하세요

혹시 모르죠. 여러분 선생님이 비밀리에 활동 중인 슈퍼영웅이라서 이미 무대 뒤에서 지칠 줄 모르고 활약하고 있을지도요. 선생님은 여러분이 수업 시간에 멋진 경험을 하도록 교안을 짜고 야외 활동 계획을 세우느라 최선을 다해요. 그 말은 선생님이 바쁘다는 뜻이에요. 아주 바쁘죠. 그래서 수업 시간에 기후변화와 싸울 방법을 생각해 볼 여유가 없었을지도 몰라요. 하지만 괜찮아요. 여러분이 그 주제를 꺼낸 다음, 단 2분 만에 중요한 변화를 이끌 수가 있다는 사실을 보여 드리면 되니까요.

학교에서 에너지 절약하기

학교에서는 많은 에너지를 소비해요. 전등을 켜고 교실을 따뜻하게 해요. 게다가 컴퓨터나 프린터, 그 밖에 온갖 기기가 전기를 쓰고 있지요. 그게 무슨 뜻인지 우리는 알고 있어요. 학교가 탄소 발자국을 남긴다는 거예요! 학교의 탄소 발자국을 줄이면 줄일수록 기후변화와 더 잘 싸우는 거랍니다.

교실에 아무도 없거나 수업이 끝나면 불을 다 끄세요!
비용을 절약할 수 있어요. 교실 전등 스위치 아래에 쪽지를 붙여서 누구든 집으로 가기 전에 불을 끄도록 하세요.

밤에는 컴퓨터도 다 끄세요!
컴퓨터마다 표시해 두고 모두에게 알리세요.

종이를 아끼면 나무도 아껴요!
종이는 양면을 다 쓰고 난 뒤 재활용 쓰레기로 배출하세요!

학교 물을 아껴요

물은 귀한 자원이니 낭비하지 않는 게 아주 중요해요.

물을 낭비하지 마세요!
손 씻을 때는 다 씻자마자 수도를 빨리 잠그세요.

변기에는 대소변, 토사물과 휴지만 넣어요! 플라스틱이나 물티슈는 휴지통에 넣고 불필요하게 변기물을 내리지 마세요.

재사용 가능한 물병 사용도 잊지 마세요! 마시고 남은 물은 교실 화분이나 학교 정원수에 주세요.

녹색 변신

태양광발전으로 청정에너지를 얻을 수 있다는 사실을 여러분은 이미 알고 있지요. 여러분 수업에 필요한 에너지를 모두 태양에서 얻는다고 상상해 보세요! 학교에서 태양광을 이용해서 전기를 만들고 물을 데울 수가 있어요. 온실가스 배출도 없을 뿐만 아니라 공짜에 무제한인 에너지라니 굉장하지 않나요! 뿐만 아니라, 필요한 것보다 더 많은 전기를 생산하면 학교에 오히려 돈을 벌어다 줄 수도 있어요. 학교에 태양광 패널을 아직 설치하지 않았다면 선생님에게 건의할 때가 왔네요. 설사 지금 당장 태양광 패널이 설치되지 않는다 해도 여러분이 생각의 씨를 뿌린 셈이에요!

2분 임무: 학교에서 태양광발전을 할 수 있는지 선생님에게 물어보세요. 설치 비용이 너무 많이 든다고 하면 모금 운동을 벌일 수 있다고 말해 보세요. 50점

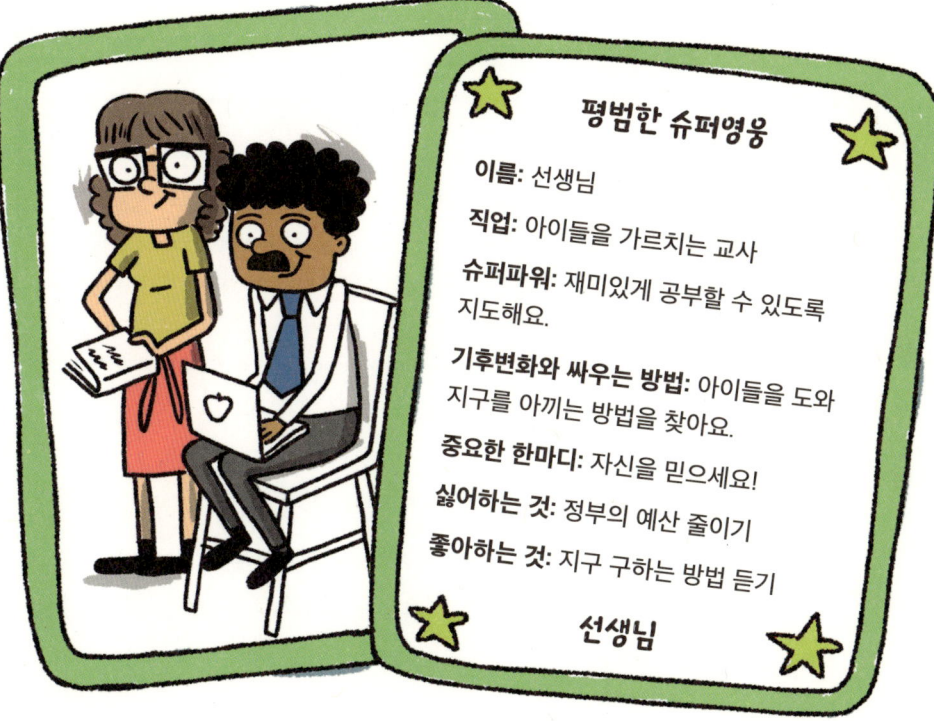

평범한 슈퍼영웅

이름: 선생님

직업: 아이들을 가르치는 교사

슈퍼파워: 재미있게 공부할 수 있도록 지도해요.

기후변화와 싸우는 방법: 아이들을 도와 지구를 아끼는 방법을 찾아요.

중요한 한마디: 자신을 믿으세요!

싫어하는 것: 정부의 예산 줄이기

좋아하는 것: 지구 구하는 방법 듣기

선생님

학교 쓰레기를 줄여요

쓰레기를 치우려면 비용이 들어요. 지구에도 나쁘죠. 그러니 애초부터 적게 버리는 것도 기후변화와 싸우는 또 다른 방법이에요.

쓰레기에 대한 진실: 초등학교 평균 쓰레기 배출량이 학생 한 명당 1년에 45킬로그램이나 된대요.

종이 쓰레기

학교에서는 복사지, 프린트물, 교과서와 공책 등 종이 쓰레기가 많이 나와요.

2분 임무: 교실에 종이 재활용 코너가 없다면 선생님의 도움을 받아서 만드세요. 교실에서 나오는 종이 쓰레기를 재활용할 수 있게요.
10점

2분 임무: 재활용이 불가능한 제품을 수거해서 재활용하는 회사 '테라싸이클'이 있어요. 여러분도 가입해서 학교 이름으로 쓰레기 수거 점수를 받아 보세요. 재활용할 수 있게 낡은 펜, 프린터 카트리지, 과자 봉지도 모으세요. 자세한 내용은 회사 홈페이지(www.terracycle.com/ko-KR)에서 알아보세요.
30점

음식물 쓰레기

점심을 남긴 사람 있나요? 학교에서 음식물 쓰레기는 커다란 골칫거리예요. 재료를 기르고 운반하고 조리하는 과정마다 탄소 발자국이 쌓여요. 게다가 음식을 남기면 재활용 시설로 보내야 하는데 거기서 음식이 분해될 때 메탄가스가 발생한답니다.

#2분슈퍼영웅 여러분은 모두 점심을 아주 잘 먹는다고 알고 있어요! 하지만 점심시간에도 너무 바빠서 음식을 미처 다 못 먹을 때도 있고 그날 급식 메뉴가 마음에 들지 않을 때도 있고 또 아예 배가 고프지 않을 때도 있을 거예요. 이런 경우가 반복되면 음식물 쓰레기가 많아지겠죠.

2분 임무: 점심을 남기지 않고 다 먹는 것만으로도 기후변화와 싸울 수 있어요. 과일과 야채를 모두 포함해서요. 다 못 먹겠으면 처음 담을 때부터 조금만 달라고 부탁하세요. 친구들에게도 그렇게 하라고 당부하세요.
20점

플라스틱 쓰레기

요거트 통, 플라스틱 빨대, 사탕 껍질, 음료수 병……. 가방이나 도시락 통에 들어 있는 일회용품 목록이에요. 길기도 하네요. 한 번 쓰고 버릴 품목은 재활용 쓰레기로 버리세요. 아예 재사용이 가능한 제품으로 바꾸어 쓰면 더 바람직하겠죠!

2분 임무: 재사용이 가능한 통으로 도시락을 만들어요. 통을 쓴 다음에도 계속해서 쓰고 또 쓰세요.
10점

2분 임무: 선생님의 도움을 받아서 점심 먹는 곳에 재활용 쓰레기통을 만드세요.
20점

열네 번째 임무

나무를 심어서 기후변화와 싸우기

우리 인간을 포함한 지상 모든 생물은 서로서로 관계에 의지해 살고 있어요. 식물은 씨를 퍼뜨리기 위해 동물이 필요하고 곤충은 살 곳이 필요하고 새는 열매를 따 먹을 식물이 필요해요. 그리고 우리도 살려면 식량이 필요하고요. 이런 관계가 무너지면 여러 가지 문제가 발생해요.

앞에서 야외에서 사는 동물과 새, 곤충들을 어떻게 보살필지 배웠으니 이제 잘할 수 있겠죠? 하지만 나무와 풀은요? 사실 기후변화와 관련해서 이 둘만큼 위대한 슈퍼영웅은 또 없어요.

왜 나무와 풀이 엄청나게 중요할까요?

마치 여러분처럼 나무와 풀도 지구에 엄청난 차이를 줄 수 있어요.

나무와 풀은(바닷속 해초와 파이토플랑크톤이라 불리는 작은 식물도 여기에 포함) 광합성이라는 과정을 거치며 양분을 만들어요. 태양에너지를 받아서 이산화탄소를 흡수한 뒤 그 탄소를 이용해 잎을 틔우고 꽃을 피우고 새로운 가지를 내며 성장해요. 식물은 이 과정을 통해 부산물로 산소와 수분을 공기 중으로 배출해요. 인간인 우리는 호흡할 때 적당량의 산소와 수분이 꼭 필요하고요. 식물은 지구의 탄소 발자국을 줄여 주면서 동시에 우리가 살아가는 데도 중요한 역할을 해요. 정말 기가 막히답니다!

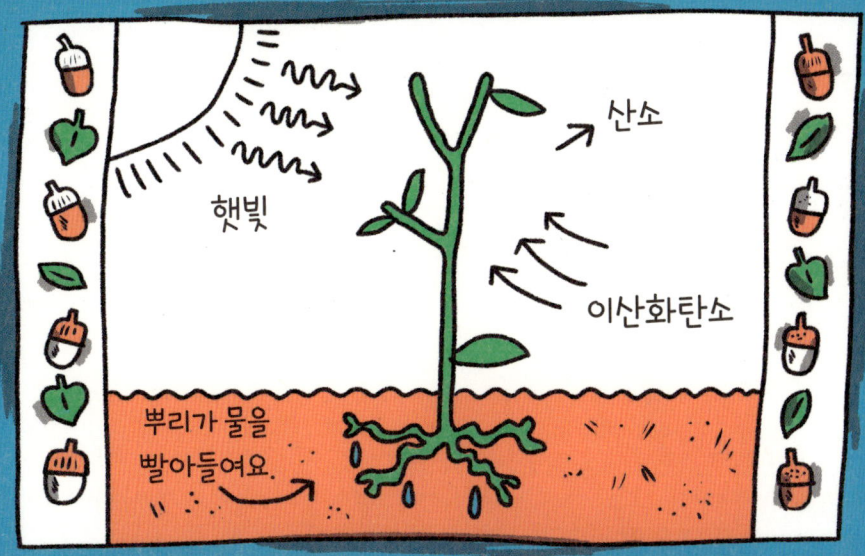

우리가 배출하는 이산화탄소를 빨아들일 식물이 없다면 대기 속 이산화탄소의 양은 계속 올라가겠지요. 이러면 온실효과가 갈수록 심해질 뿐이랍니다. 그러니 우리가 할 일이 뭐겠어요? 당연히 나무를 심는 거죠!

2분 임무: 나무의 씨앗을 심는 일은 간단하지만, 나무로 키워 내려면 2분보다는 긴 시간이 필요하죠! 하지만 어떤 나무들은 수천 년까지 산다니 여러분이 투자한 시간에 비해 그 효과가 무척 오래 갈 것 같네요.
50점

❶ 가을에 도토리 같은 나무 씨앗을 모으세요.
❷ 물 빠질 구멍이 있는 토분을 찾아서 바닥에 돌멩이를 1개 올린 다음 그 위로 퇴비를 채우세요.
❸ 토분에 도토리 2개를 2센티미터 깊이로 심고 물을 주세요.
❹ 실외 그늘진 구석에 토분을 놓으세요. 그물망을 덮어 놓으면 들짐승이 도토리를 캐내지 못할 거예요.
❺ 계속해서 물을 주세요. 자라나면 좀 더 큰 화분으로 옮겨 심어요.
❻ 40센티미터 정도로 크면 땅으로 옮겨 심어요. 아름드리 큰 나무로 자라나게요.

열다섯 번째 임무

용돈으로 기후변화와 싸우기

호주머니와 가방을 털어 보세요! 뭐가 들어 있나요? 자질구레한 것들 틈에 동전이 좀 있나요? 용돈은 아주 강력한 도구예요. 그 돈을 어떻게 쓰느냐에 따라 기후변화가 달라진답니다! 여러분의 용돈이 세상을 바꿀 수 있다고요. 상상해 보세요!

무엇을 살지 꼼꼼히 따져서 선택하세요

여러분은 용돈을 어떻게 사용하나요? 과자, 장난감, 책이나 게임을 사나요? 아니면 방학 때 여행을 가거나 자전거 키트를 사려고 저금을 하고 있나요? 아래에 여러분이 용돈을 쓰면서 지구 사랑을 실천하는 방법 몇 가지를 제시할 테니 찬찬히 읽어 보세요.

하면 좋은 것	하면 안 되는 것
✓ 불필요한 포장이 많은 물건은 피하세요.	✗ 한 번만 갖고 논 다음 서랍에 처박아 두거나 버릴 물건은 사지 마세요.
✓ 용돈은 책을 살 때, 영화관에 갈 때, 지역 명소에 갈 때처럼 경험을 사는 데 쓰세요.	✗ 포장이 예쁘다고 혹하지 마세요. 전부 쓰레기가 되니 기후변화에 도움이 되지 않아요.
✓ 자선 가게 같은 곳에서 파는 중고 물건을 사세요.	✗ 중고로 구할 수 있는데 굳이 새것으로 사지 마세요.
✓ 용돈을 모아서 여러 해 쓸 수 있는 물건을 사세요. 자전거처럼요.	✗ 전자기기를 신형이 나올 때마다 사서 바꾸지 마세요.

> **2분 임무:** 다음에 용돈을 받으면 쓰기 전에 먼저 생각해 보세요!
> 그 돈으로 지구 친화적인 일을 하나라도 할 수 있나요?
> 15점

야생동물 단체에 가입하기

여러 야생동물 보호 단체가 여러분의 가입을 기다리고 있어요. 여러분이 클럽에 돈을 보내면 그 단체들이 오랑우탄, 북극곰, 그리고 다른 멸종 위기 동물을 보살피는 데 큰 도움이 되지요. 보답으로 그 단체들은 여러분에게 잡지나 활동 꾸러미를 보낼 거예요. 기후변화, 서식지 파괴와 생물 멸종 등에 어떻게 맞서 싸워야 하는지 여러분이 아이디어를 얻을 수 있도록이요. 서로에게 이득이 되는 셈이지요!

한 동물 후원하기

야생동물 공원이나 자연 보호 구역, 동물 대피소에 사는 동물, 멸종 위기에 처한 동물이 많아요. 그 동물을 위해 후원하세요! 그럼 답례로 여러분이 후원한 동물에 대한 정보 꾸러미와 증서를 받게 될 거예요. 여러분이 받는 용돈으로 보호가 필요한 동물이나 새를 돕는다고 생각해 보세요. 자신이 후원하는 새끼 물개, 북극곰, 수달, 독수리가 있다면 얼마나 근사할까요! 정말 신나는 일 아닌가요?

열여섯 번째 임무

목소리를 내어 기후변화와 싸우기

이제 그 무엇보다 중요한 임무를 수행할 차례가 왔어요. 준비되었나요? 기후변화와 싸우기 위해서 여러분의 목소리를 내야 하는 임무랍니다. 큰 소리로 외쳐야 할 때예요. 자신이 믿는 바를 싸워서 지키는 법을 배우게 될 거예요. 기후 활동가가 되는 일이 언제나 쉬운 일은 아니에요. 하지만 활동가가 되어야 이 임무를 완수할 수 있어요. 여러분은 해낼 수 있어요. 난 믿어요!

지구가 왜 여러분의 목소리를 필요로 할까요?

지구는 자기를 위해 일어나 싸워 줄 사람이 필요해요. 지구를 보호하려면 더 많은 일을 해야 한다고 정부와 회사에게 용감하고 맹렬하게 말해 줄 사람이요.

자연도 여러분이 필요해요. 거북, 코뿔소, 표범은 말을 못하지만 여러분은 할 수 있잖아요!

활동가는 어떻게 되나요?

기후변화와 싸우기 위해 여러분이 목소리를 내야 한다는 말은 현재 상황을 못마땅하게 생각한다는 사실을 사람들에게 알린다는 뜻이에요. 생각을 말로 표현하면 힘 있는 사람들이 여러분 말을 듣고서 변화를 꾀하도록 하자는 거지요.

여러분이 목청을 높여야 할 때 먼저 할 일은 정확히 무엇을 요구할지 정하는 거예요. 왜 활동을 해야 하는지 사람들이 이해하지 못한다면, 그들이 무슨 일을 해 주겠어요? 그러니 분명히 알아야 해요! 원하는 게 뭔가요?

쓰레기 재활용을 늘리는 것? 자전거 길을 더 만드는 것? 나무 많이 심기? 재생에너지 이용하기? 판다 보호? 여러분이 결정하세요!

훌륭한 활동가가 되는 법

친절하게 대해요!

할 말은 하되 상대방 말에도 귀 기울이세요!

의견을 밝히되 상대방 감정을 상하게 하거나 물건을 부수지 마세요.

여러분이 왜 활동하는지 이해하지 못하는 사람에게도 친절하게 웃으며 응대하세요.

무례하게 구는 사람 때문에 물러서지 마세요. 수백만 명이 여러분을 지지하니까요.

활동가가 되세요!

학교에 변화 일으키기

학교에 어떤 변화가 일어나길 바라는지 잘 생각해 보세요. 여러분 스스로에게 무얼 하고 싶은지 물어보세요. 플라스틱 수거 포인트제를 시작할까요? 운동장 쓰레기 줍기 모임을 만들고 싶어요? 학교 정원을 가꿀까요? 기후변화 모임을 만들까요? 변화를 이끌어 내기 위해 여러분이 할 수 있는 일은 정말 많아요.

> **2분 임무:** 어떤 운동을 벌일지 선택해 보세요. 부모님과 같은 반 친구들, 선생님에게 운동 주제에 대해 정중하게 말해서 지지를 얻어 내세요. 서명으로 지지를 모으는 것도 좋아요. 여러분의 의견에 얼마나 많은 사람이 동의하는지 보여 줄 수 있어요.
> **30점**

학생 시위에 참여하세요

그레타 툰베리는 열다섯 살이던 2018년 8월에 변화를 요구하는 시위를 시작했어요. 매주 금요일 학교에 가 있어야 할 시간에 학교 대신 스웨덴 국회 건물 앞에 서 있는 걸로 항의를 시작했죠. 그녀는 그 시위를 '기후를 위한 결석 시위(School Strike for Climate)'라고 불렀어요. 그 활동으로 그레타는 세계 각지의 찬사를 받았고 국제 연사가 되어 세계를 누비게 되었어요. 그레타뿐 아니라 멕시코의 씨예 바스티다, 우간다의 레아 나무거롸를 비롯한 여러 젊은 활동가들이 변화의 주축이 되어 전 세계 수백만 명에게 영향을 주었어요.

여러분도 결석 시위에 참여할 수 있어요. 물론 부모님이나 보호자, 학교의 허락을 받지 않고 행동하면 곤란해요. 반드시 먼저 의논하고 행동하세요.

평범한 슈퍼영웅

이름: 그레타 툰베리
직업: 기후 활동가
슈퍼파워: 내 의견에 대해 목소리를 높여요.
기후변화와 싸우는 법: 기후 시위를 시작했어요.
중요한 한마디: 변화를 일으키는 데 나이는 중요하지 않아요.
싫어하는 것: 들으려고 하지 않는 정부
좋아하는 것: 행동하기

그레타

시위나 행진에 참여해요

시위나 행진은 여러분이 여러 사람과 함께 어떤 논점에 관심 있다는 사실을 알리기에 아주 좋은 방법이에요. 시위에 가지고 갈 팻말과 플래카드를 만드는 건 쉬워요. 단어 몇 개를 써 넣거나 그림 혹은 요구사항 목록을 적어도 되니까요. 여러분 마음대로 해 보세요!

2분 임무: 여러분의 부모님이나 보호자와 함께 기후변화에 항의하는 시위나 행진에 참가하세요.
30점

2분 임무: 여러분만의 플래카드를 만드세요.
20점

지구를 대신할 행성은 없다!

추가 임무

펜을 들고 기후변화와 싸우기

훌륭하고 멋진 지구 수호자 #2분슈퍼영웅 여러분, 수고 많았어요! 이 책에 나온 임무를 모두 완수한 여러분은 기후변화와의 싸움에서 이기고 커다란 차이를 만들었답니다. 이제 마지막으로 추가 임무를 맡길게요. 여러분이 하고 싶은 말을 세상에 꼭 알려 보세요.

편지를 보내요

여러분이 염려하는 주제를 지역구 국회의원이나 지방의원에게 편지를 써서 알려 주세요. 기후변화 문제라면 그 사람들도 알아야 해요. 또 그런 문제가 아니더라도 의원들은 여러분의 편지를 읽고 답을 할 의무가 있어요. 여러분의 걱정에 귀 기울여야 할 의무도 있고요. 누구나 쉽게 정치가와 소통할 수 있어요. 그러니 부담 갖지 말고 시도해 보세요.

우리나라의 국회의원, 지방의원 명단은 아래 사이트에서 확인할 수 있어요.
clik.nanet.go.kr
메뉴 → 의원현황 → 국회의원현황
　　　　　　　　→ 지방의회 의원현황

2분 임무: 국회의원이나 지방의원에게 편지를 쓰세요. 어떻게 쓰면 될지 보여 주는 예문이 옆에 있어요. 하지만 여러분의 생각을 직접 써서 보내야 해요. 여러분이 생각하기에 중요한 것은 무엇인지 그래서 어떻게 바꾸고 싶은 건지 의견을 밝히세요.
100점

(국회의원이나 지방의원의 이름)님께

제 이름은 (여러분의 이름)예요. 저는 (나이)살이고 (학교 이름)에 다녀요. 제가 편지를 쓰는 이유는 기후변화가 걱정되어서예요. 저는 기후변화를 막기 위해 집과 학교에서 여러 가지 일을 실천하고 있지만 이걸로 충분하지 않은 것 같아서 걱정스러워요.

저는 탄소 발자국을 줄이려고 가능하면 걸어서 등교를 해요. 하지만 전기차 구입을 더 쉽게 하거나 재생에너지에 투자하거나 비행기보다 기차표 값을 더 싸게 만들 수는 없어요. 의원님은 할 수 있지만요.

이 닦는 동안 수도를 잠그거나 음식 낭비를 삼가는 일은 저도 할 수 있어요. 하지만 회사 대표에게 전화해서 이윤을 위해 저지르고 있는 지구 파괴를 멈추라고 말할 수는 없어요. 하지만 의원님은 할 수 있어요.

제가 학교 친구들에게 재활용 분리수거를 더 잘하고 쓰레기를 덜 만들고 집에 갈 때 전깃불을 끄자고 말할 수는 있어요. 하지만 기업체를 대상으로 밤이면 불을 끄라고, 전기 절약을 위해 최선을 다하라고 요구하는 법을 만들 수는 없어요. 의원님은 할 수 있지만요.

그래서 질문을 하나 하고 싶어요. 의원님은 이런 일을 다 하고 계시나요? 안 하신다면 왜 안 하시는 건가요?

기후 위기는 우리 시대에 가장 중요한 문제고 제 남은 인생을 좌우할 거예요. 기후는 지금도 변하고 있고 이걸 바꾸려면 우리가 할 수 있는 일은 뭐든지 다 해야 한다고 믿어요. 2년, 5년 혹은 20년 뒤가 아니라 바로 지금요!

답장을 기다리며

(이름) 드림

임무 완수

새로운 #2분슈퍼영웅이 된 여러분께

기후변화는 싸우기 쉬운 상대가 아니에요. 무시무시한 외계인과 싸우는 것이나 폭풍에 날아가는 놀이기구를 쫓는 것과는 달라요. 여러분이 드디어 감을 잡았다고 느낄 때마다 그 모습을 바꿔 버리는 어떤 생각과 싸우는 것 같아요. 볼 수도 만질 수도 없지만 우리를 괴롭히는 생각 말이에요.

이 책을 읽고 여러분이 임무 몇 가지를 완수했다면 여러분이 만든 차이는 아주 커요.

그 차이가 아직 눈에 안 보일지는 몰라도 그래도 중요한 건 틀림없어요. 이번 팬데믹을 겪으며 상황이 어쩔 수 없다면 사람들이 그에 맞게 바뀐다는 사실을 알게 되었을 거예요. 여러분은 이 책을 읽으며 이미 생활에 멋진 변화를 일으켰어요. 앞으로 다가올 미래에 그 차이를 직접 누리기를 바라요.

걸어서 등교하기, 전기와 자원을 아끼기, 맛있는 음식을 만들어 먹기, 나무 심기, 자연을 생활 속으로 받아들이기, 꿀벌에게 집 만들어 주기, 지렁이 좋아하는 법 배우기, 팜유 사용 줄이기, 여러분 의견을 밝히는 플래카드 만들기, 채식하기, 국회의원에게 편지 쓰기! 와, 여러분은 이 모든 걸 하고 있네요!

게다가 기후변화에 대해 학교 친구들과 선생님들에게 얘기해 주고 학교를 바꾸기 위해 노력하고 있을 거예요. 그 덕분에 학교는 수백 리터의 물을 절약하고, 전기비를 아끼고 점심시간에 배출되는 쓰레기 양도 줄일 수가 있답니다! #2분슈퍼영웅 여러분, 정말 굉장해요!

여러분의 행동이 어떤 의미일지 생각해 보세요. 크고 잔잔한 연못에 지금 막 작은 조약돌을 던졌다고 상상해 보세요. 퐁당 빠진 조약돌이 연못을 가로질러 사방으로 물결을 퍼뜨리겠지요. 그 물결이 저 멀리 어디엔가, 여러분이 모르는 곳으로 가서 어느 카멜레온에게 닿았다고 상상해 보세요. 그 녀석이 사는 숲에 이제는 먹이가 풍부해져서 카멜레온들이 더 오래, 안전하게 살 수 있게 되었다면요? 어쩌면 저 멀리 북쪽 어디엔가 꽁꽁 얼어붙은 언덕 위로 또 다른 물결이 도달해서, 몸을 숨길 눈이 풍부해진 덕분에 북극여우가 안심하고 새끼를 기를 수 있게 되었다는 소식도 들려올 거예요. 여러분 덕에 북극여우가 생태계 안에서 생존할 수 있네요. 여러분과 여러분의 가족, 친구들이 도와주어서요.

나 그리고 다른 평범한 슈퍼영웅들과 동물들 모두가 여러분의 행동에 감사하고 있어요.

멈추지 마세요! 지구를 위한 싸움은 이제 겨우 시작했을 뿐이거든요.

사랑과 행운을 보내며,

마틴

여러분의
슈퍼영웅
등급은······.

슈퍼영웅 점수

이제 훈련이 끝났으니 여러분이 어떤 슈퍼영웅인지 알아볼 시간이에요. 임무를 완수하고 받은 점수를 더해 보세요.

첫 번째 임무: 우리가 만든 탄소를 세어 보기

햇빛이 쨍쨍한 날에 온실이나 비닐하우스, 아니면 커다란 창이 있는 방으로 가 보세요. 햇볕이 내리쬘 때 어떤 일이 일어나나요? 온도계가 있다면 온실 안팎의 온도를 재고 그 차이를 계산해 보세요!
5점

여러분의 탄소 발자국에 대해 생각해 보세요. 내일 어떤 행동을 하면 발자국을 줄일 수 있을지 생각해 보세요.
10점

합계: 15점

두 번째 임무: 여러 에너지를 살펴보기

오늘 여러분이 무슨 일을 했는지 생각해 보세요. 에너지를 사용하는 일이었나요? 어떤 에너지를 사용했나요?
10점

여러분이 쓰는 전기는 어디에서 오나요? 어떤 전력 회사는 재생 가능한 에너지원으로 전기를 생산한다고 해요. 부모님과 이 점에 관해 이야기해 보세요.
30점

합계: 40점

세 번째 임무: 집에서 기후변화와 싸우기

여러분 집에 평소 대기 모드로 해 놓은 가전제품이 있나요? 그렇다면 그런 제품이 있는 방이 몇 개나 되는지 세어 보세요. 방마다 이렇게 써 붙여 보세요. "가전제품을 쓰지 않을 때는 플러그를 뽑으세요!"
20점

가족 이름을 적은 표를 만드세요. 방을 나가면서 불을 끈 사람에게는 스티커를 하나씩 붙여 주세요. 에너지를 가장 효율적으로 쓰는 사람은 누구인가요?
10점

방을 나갈 때는 문을 닫아요. 그래야 열이 새는 걸 막을 수 있어요.
5점

보온이 되도록 밤에는 창에 커튼을 치세요.
5점

약간 쌀쌀하다 싶을 때는 난방을 하는 대신 집 안에서도 겉옷을 입으세요.
5점

잘 때 전기장판 대신 담요를 하나 더 덮어요.
5점

학교에서 집으로 돌아오면 수면 양말이나 슈퍼영웅 슬리퍼를 신어서 발이 시리지 않도록 하세요.
5점

여러분 집 보일러는 온도에 따라 작동되나요? 설정을 조금 바꿔도 좋을지 부모님께 여쭤보세요. 하루에 한 시간씩만 보일러 작동을 줄여도 커다란 차이가 날 거예요!
10점

좋아하는 프로그램은 온 가족이 함께 모여서 보세요. 영화관에서 볼 때처럼 팝콘 같은 간식을 들고요. 가족과 즐거운 시간을 보내면서 동시에 지구도 지킬 수 있어요!
10점

우리집 재활용 책임자가 되어 보세요. 재활용품 수거일에는 여러분이 대장이 되는 거예요. 재활용품을 올바르게 분리배출 하고 있는지 잘 살피세요.
10점

합계: 85점

네 번째 임무: 부엌에서 기후변화와 싸우기

그동안 고기를 자주 먹었다면 가족에게 하루쯤 고기 없이 지내자고 제안해 보세요. 간단한 일이지만 큰 변화를 이끌 수 있어요. 일주일에 한 번씩 규칙적으로 하면 특히나 더 그럴 거예요.
20점

여러분이 자주 먹는 생선을 해양 보존 협회의 올바른 물고기 가이드 (www.mcsuk.org/goodfishguide/search)에서 찾아보고 그 어종이 얼마나 지속 가능한지 알아보세요. 그 생선을 안 먹거나 좀 더 친환경적인 대안을 찾을 수 있을까요?
20점

밥이나 간식을 먹을 때 고기 대신 야채를 선택할 수 있다면 식물의 기운을 받아 보는 걸로 해요!
20점

빵을 먹을 때 대안 우유를 곁들여 보세요. 대안 작물이 어디에서 재배되고 어떻게 포장되는지 생각해 보세요. 재활용이 가능한 포장인가요?
10점

못다 먹은 저녁 식사는 그대로 버리지 말고 통에 담아 두었다가 나중에 간식으로, 또는 다음 날 저녁으로 드세요. 카레나 국은 언제나 다음 날이 더 맛있어요. 진짜 그래요!
5점

합계: 75점

다섯 번째 임무: 싱크대, 샤워, 변기를 사용할 때마다 기후변화와 싸우기

부모님이나 보호자와 함께 변기 물을 절약하는 장치를 만들어 보세요.
20점

매일 위에서 소개한 물 절약 활동 중 하나를 실천하세요.
5개 각 5점

합계: 45점

여섯 번째 임무: 물건을 줄여서 기후변화와 싸우기

방바닥에 장난감을 몽땅 펼쳐 놔 보세요. 지난 몇 달 동안 가지고 놀았던 것만 골라서 한쪽에 모으세요. 부서지거나 부품이 없어진 것들을 포함해서 나머지는 다른 쪽에 모으세요.
5점

장난감을 자선단체에 기부하세요. 그 단체가 좋은 일에 쓸 돈을 마련하게요.
10점

장난감을 무료 장난감 대여 센터에 기부해서 다른 어린이들이 가지고 놀 수 있게 해 주세요.
10점

쓰던 장난감을 동생뻘 어린이들에게 물려주세요. 잘 가지고 놀 테니까요.
10점

벼룩시장을 열고 필요하지 않은 장난감을 팔아서 용돈을 버세요.
10점

다음번 생일이나 크리스마스에 무슨 선물을 받고 싶으냐고 물어보면 하고 싶은 일을 떠올려 보세요. 물건을 갖는 대신 경험을 쌓고 싶다고 답해 보세요.
20점

합계: 65점

일곱 번째 임무: 전자 기기로 기후변화와 싸우기

이따금 사용하기 때문에 대기 모드로 켜 놓은 전자 기기가 집에 있으면 부모님께 플러그를 빼 놓아도 되는지 물어보세요.
5점

여러분이 가진 오래된 전자 기기를 모두 살펴보세요. 작동하지 않는 기기는 수리할 수 있는지 알아보세요. 못 한다면 재활용 쓰레기로 배출하세요. 작동하면 다른 사람에게 그냥 주거나 기부하거나 부모님이나 보호자의 도움을 받아 중고로 팔아 보세요.
20점

합계: 25점

여덟 번째 임무: 옷으로 기후변화와 싸우기

뜨개질과 바느질을 배우세요. 온라인에 과정이 많이 올라와 있어요. 작은 목도리를 떠서 목을 따뜻하게 보호하고, 구멍이 난 양말을 꿰메 자연도 보호하세요. 2분보다는 더 오래 걸리겠지만, 재미도 있고 자원도 절약할 수 있어요!

50점

위의 조언에 따라 옷장 속 옷을 분류하고 정리해 보세요.

5점

빨래집게 수호자가 되어 보세요. 다음번에 세탁기가 다 돌면, 건조기 대신에 빨래 건조대에 옷을 널어도 되냐고 부모님께 여쭤 보세요.

10점

합계: 65점

아홉 번째 임무: 정원에서 기후변화와 싸우기

여러분의 정원으로 자연을 받아들이세요. 위의 방법 중 한 가지, 혹은 모두 다 실천해 보세요.

5개 각 10점

꿀벌 호텔을 만드세요.

30점

부모님에게 잔디를 좀 더 길게 키우자고 말해 보세요. 가족이 깔끔한 잔디가 더 좋다고 하면 정원 일부를 여러분이 맡아 야생 상태로 가꿀 수 있도록 허락을 구해 보세요. 풀이 자라면 그 속에서 꽃과 벌, 벌레를 찾아보세요.

20점

물이 새지 않는 큰 통으로 집 지붕이나 학교 처마 밑으로 떨어지는 빗물을 받을 수 있어요. 어른의 도움을 받아서 빗물 홈통이 물통 안으로 들어가게만 해 두세요. 빗물 퍼낼 바가지가 들락거릴 수 있을 만큼 크고 위가 뚫려 있으면 되어요. 통이 가득 찰 때를 대비해 넘치는 물이 잘 흘러가도록 처리해 두세요.
20점

집이나 학교에서 나온 조리하지 않은 음식 쓰레기, 정원 쓰레기, 잔디 깎은 것 따위로 퇴비를 만들 수 있어요. 종이도 어떤 종류는 가능해요. 이 임무를 완수하려면 2분 넘게 걸리겠지만 결과는 만족스러울 거예요!
50점

게릴라 정원사가 되어 도시 정원을 직접 만들어 보세요. 꿀벌 호텔과 부러진 나뭇가지, 통나무 조각으로 곤충이 살 수 있는 공간을 만들어요. 어떤 생물이 여러분의 정원에 찾아올까요?
30점

합계: 200점

열 번째 임무: 이동하면서 기후변화와 싸우기

이동 퀴즈 시작! 이동 수단의 순위를 매겨 보세요. 다음 메모에 적힌 이동 수단 중 가장 지구 친화적인 수단부터 순서대로 써 보세요.
10점

다음 주 여러분이 가야 할 곳을 생각해 보세요. 그중 대중교통을 이용하거나 걷거나 자전거를 탈 수 있는 경우가 있나요?
각 이동마다 10점씩

학교까지 걸어갈 수 있나요? 걸어갈 수 있는 거리인데도 평소에 차를 탔다면 부모님이나 학교에 부탁해서 가까이 사는 아이들과 함께 워킹

스쿨 버스를 꾸려 보세요. 여러분이 걸을 때 입을 수 있게 학교에서 형광 조끼를 빌려 줄 수도 있어요.
30점

카풀 모임을 만들어서 근처 사는 친구들과 등하교를 같이 하세요. 덤으로 새로운 친구를 사귈 수 있는 행운도 생긴답니다!
30점

학교나 사는 지역의 구청, 전문기관에서 자전거 안전 교육을 받을 수 있나요? 그렇다면 등록하세요! 아니라면 선생님께 강좌를 열어 달라고 부탁하세요.
20점

자전거 나들이를 계획해 봐요! 자전거 전용 도로는 포털 사이트와 스마트폰 길찾기 앱에서 찾아볼 수 있어요.
20점

지역 대표 국회의원이나 시의원에게 여러분이 사는 동네에 안전한 자전거 길을 만들어 달라고 요청하세요. 학교에 가거나 친구와 친척을 만나러 가거나 물건을 사러 갈 때 모두 자전거를 타고 갈 수 있게요!
30점

합계: 140점 + 여러분의 여행 점수

열한 번째 임무: 휴가 중에도 기후변화와 싸우기

다음번 집캉스 때 위의 활동을 한 가지씩 해 보세요.
9개 각 10점

합계: 90점

열두 번째 임무: 마트에서 기후변화와 싸우기

다음번 마트에 가서 야채·과일 코너에 들르면 상품 원산지가 어디인지 살펴보세요. 집과 가까운 곳에서 왔거나 플라스틱으로 포장되지 않은 것이 있나요?

10점

아주 재미있는 게임이에요! 다음에 부모님이나 보호자와 함께 마트에 가면 여러분이 사는 포장 식품의 원료를 알아보세요. 혹시 원료 목록에 팜유가 있나 보세요. 성분표에서 이런 단어를 찾으면 된답니다.
식물성 유지, 식물성 기름, 팜핵(palm kernel), 팜핵유(palm kernel oil), 팜과유(palm fruit oil), 팔메이트(palmate), 팔미테이트(palmitate), 팜유(palmolein), 글리세릴(glyceryl), 스테아레이트(stearate), 스테아르산(stearic acid), 기름야자 오일(elaeis guineensis), 팔미트산(palmitic acid), 팜스테아린(palm stearine), 팔미토일옥소스테아라마드(palmitoyl oxostearamide), 팔미토일테트라펩타이드-3(palmitoyl tetrapeptide-3), 소듐라우레스설페이트(sodium laureth sulfate), 소듐라우릴설페이트(sodium lauryl sulfate), 소듐커넬레이트(Sodium Kernelate), 소듐팜커넬레이트(sodium palm kernelate), 소듐라우릴락틸레이트(sodium lauryl lactylate), 하이드레이티드팜글리세라이드(hydrated palm glycerides), 에틸팔미테이트(ethyl palmitate), 옥틸팔미테이트(octyl palmitate), 팔미틸알코올(palmityl alcohol)
이런 단어가 보이면 그 제품 대신 RSPO 로고(믿을 만한 방식으로 재배된 팜유만 사용한 제품이라는 보증)가 붙은 다른 제품을 고르세요. 그런 대안이 없다면 그 제품을 아예 사지 않는 건 어때요?

20점

합계: 30점

열세 번째 임무: 학교에서 기후변화와 싸우기

학교에서 태양광발전을 할 수 있는지 선생님에게 물어보세요. 설치 비용이 너무 많이 든다고 하면 모금 운동을 벌일 수 있다고 말해 보세요.
50점

교실에 종이 재활용 코너가 없다면 선생님의 도움을 받아서 만드세요. 교실에서 나오는 종이 쓰레기를 재활용할 수 있게요.
10점

재활용이 불가능한 제품을 수거해서 재활용하는 회사 '테라싸이클'이 있어요. 여러분도 가입해서 학교 이름으로 쓰레기 수거 점수를 받아 보세요. 재활용할 수 있게 낡은 펜, 프린터 카트리지, 과자 봉지도 모으세요. 자세한 내용은 회사 홈페이지(www.terracycle.com/ko-KR)에서 알아보세요.
30점

점심을 남기지 않고 다 먹는 것만으로도 기후변화와 싸울 수 있어요. 과일과 야채를 모두 포함해서요. 다 못 먹겠으면 처음 담을 때부터 조금만 달라고 부탁하세요. 친구들에게도 그렇게 하라고 당부하세요.
20점

재사용이 가능한 통으로 도시락을 만들어요. 통을 쓴 다음에도 계속해서 쓰고 또 쓰세요.
10점

선생님의 도움을 받아서 점심 먹는 곳에 재활용 쓰레기통을 만드세요.
20점

합계: 140점

열네 번째 임무: 나무를 심어서 기후변화와 싸우기

나무의 씨앗을 심는 일은 간단하지만, 나무로 키워 내려면 2분보다는 긴 시간이 필요하죠! 하지만 어떤 나무들은 수천 년까지 산다니 여러분이 투자한 시간에 비해 그 효과가 무척 오래 갈 것 같네요.

50점

합계: 50점

열다섯 번째 임무: 용돈으로 기후변화와 싸우기

다음에 용돈을 받으면 쓰기 전에 먼저 생각해 보세요! 그 돈으로 지구 친화적인 일을 하나라도 할 수 있나요?

15점

합계: 15점

열여섯 번째 임무: 목소리를 내어 기후변화와 싸우기

어떤 운동을 벌일지 선택해 보세요. 부모님과 같은 반 친구들, 선생님에게 운동 주제에 대해 정중하게 말해서 지지를 얻어 내세요. 서명으로 지지를 모으는 것도 좋아요. 여러분의 의견에 얼마나 많은 사람이 동의하는지 보여 줄 수 있어요.

30점

여러분의 부모님이나 보호자와 함께 기후변화에 항의하는 시위나 행진에 참가하세요.

30점

여러분만의 플래카드를 만드세요.

20점

합계: 80점

추가 임무: 펜을 들고 기후변화와 싸우기

국회의원이나 지방의원에게 편지를 쓰세요. 어떻게 쓰면 될지 보여 주는 예문이 옆에 있어요. 하지만 여러분의 생각을 직접 써서 보내야 해요. 여러분이 생각하기에 중요한 것은 무엇인지 그래서 어떻게 바꾸고 싶은 건지 의견을 밝히세요.

100점

합계: 100점

여러분은
어떤 슈퍼영웅인가요?

#2분임무를 모두 마쳤다면 이제 얻은 점수를 더해 총점을 구해 보세요. 여러분은 어떤 #2분슈퍼영웅일까요?

0~499점

어떤 사람한테 들었는데 중요한 건 실천이래요. 여러분이 멋쟁이 1단계 슈퍼영웅이 된 것도 바로 실천을 통해서지요. 출발점에서 보면 여러분은 남보다 앞서 있어요. 그리고 조금은 지루하고 까다롭고 힘들어 보이는 일을 하고 있지요. 하지만 썩 잘하고 있어요. 그 점을 높이 살게요. 완벽할 필요는 없어요. 단지 지구를 구하기 위해 노력할 뿐이지요. 여러분은 지금 그 일을 해내고 있어요. 장해요! 이제 임무 몇 개만 더 완수하면, 2단계 슈퍼영웅 지위를 얻을 수 있어요.

임무 완수: 여러분은 1단계 슈퍼영웅이에요!

500~999점

그대, 나의 슈퍼영웅 친구여! 여러분은 슈퍼영웅이 할 일을 모두 하고 있어요. 실천하는 정도가 아니라 업적을 이루어 내고 있어요. 지구를 위해서 수많은 일을 해낸 여러분께 감사를 표해요. 여러분은 자연을 일상 속으로 받아들였고 나무를 심었으며 아마 국회의원에게 보내는 편지도 썼을 거예요. 답장은 받았나요? 아직 못 받았다 해도 걱정은 마세요. 우리에겐 그런 사람들보다 여러분 같은 사람이 더 필요하니까요.

2단계 슈퍼영웅이 되었으니 이제 무슨 일을 할까요? 딴 점수를 돈으로 바꾸기? 내가 여러분이라면 계속해서 3단계 지위를 향해 나아가겠어요! 할 수 있어요. 갑시다!

임무 완수: 여러분은 진정한 2단계 슈퍼영웅이에요!

1,000점 이상

세상에! 지구는 여러분 같은 사람이 더 많이 필요해요. 여러분은 임무를 모두 완성하고 많은 점수를 얻었군요. 그게 무슨 뜻일까요? 여러분 덕에 지구가 살기 나아졌다는 뜻이에요. 여러분이 자기 몫을 다해서 지구 상태를 개선했어요. 여러분이 일으킨 물결이 어디에 가 닿았든 확실한 변화를 일으켰다는 사실이 기분 좋지 않나요? 최고 점수예요. 잘했어요! 정말 고마워요.

임무 완수: 여러분은 최고 등급인 3단계 슈퍼영웅 상을 받았어요!

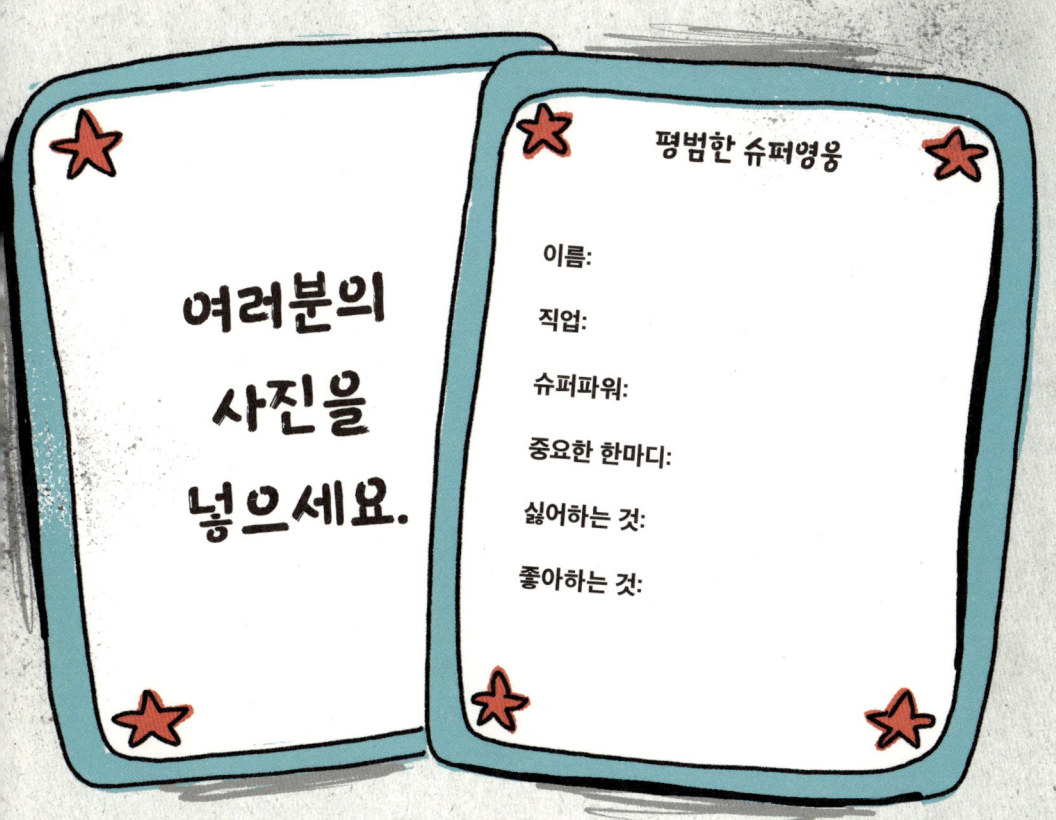

기후변화와의 싸움에 대해 더 알아보기

더 많은 것을 알고 싶다고요? 훌륭해요! 다음을 참조하세요.

캠페인과 실천 운동을 벌이는 곳

미래를 위한 금요일(Fridays for Future): 어린이들이 세운 어린이들을 위한 자선 단체예요.
www.kidsagainstplastic.co.uk

기후 위기 비상 행동(Global Climate Strike): 어떻게, 어디로, 왜 행동하고 있는지 세계 여러 곳에서 일어나는 시위를 알 수 있어요.
globalclimatestrike.net

멸종 저항(Extinction Rebellion): 환경에 대한 고민을 나누고 그룹 활동을 할 수 있는 커뮤니티를 찾을 수 있어요.
rebellion.earth

에덴 프로젝트(The Eden Project): 바이옴이라고 부르는 멋진 돔형 온실에서 식물 재배 이상의 활동을 하는 자선 단체. 재미있는 온라인 프로그램과 짚와이어도 있어요!
www.edenproject.com/learn/for-everyone

세계 자연 기금(The World Wildlife Fund): 슈퍼영웅들에게 재미있는 온라인 자료를 줄 자선단체예요.
wwf.org.uk/get-involved/schools/resources/climatechange-resources

우리나라에서 기후변화와 싸우기

기후변화 정보를 확인해 봐요

우리나라도 기후변화의 영향을 받고 있어요. 여름은 너무 덥고 겨울은 너무 춥지요. 제주에서만 나던 귤이 이제 경기도까지 진출했고, 경상도를 중심으로 키우던 사과는 강원도에서도 볼 수 있어요. 갑작스러운 폭우나 폭설, 무서운 태풍은 이제 당연히 찾아오는 자연재해로 여겨지지요. 그렇기 때문에 우리나라도 정부와 연구 기관이 힘을 합쳐서 기후변화에 대해 연구하고 대책을 마련하고 있어요. 기후변화 정보를 한눈에 볼 수 있는 곳들을 소개할게요.

기후변화홍보포털

환경부와 환경관리공단이 운영하고 있는 기후변화 포털사이트예요. 정부에서 주관하는 기후변화 대응사업과 대책을 살펴보고 기후변화의 현 상황에 대해 공부할 수 있어요. 시민이 직접 참여할 수 있는 캠페인 정보도 확인할 수 있답니다.

gihoo.or.kr/portal/kr/main/index.do

국가기후변화적응 정보포털

한국 환경 정책·평가연구원의 국가기후변화적응센터가 운영하고 있는 사이트예요. 기후변화의 개념부터 현재 상황까지 체계적으로 알려 주는 곳이지요. 해외의 기후변화 정보도 찾아볼 수 있어요.

kaccc.kei.re.kr/portal

기후변화 행동 연구소

기후변화를 멈추기 위한 사람들의 모임이에요. 사이트의 게시판에서 연재되고 있는 '청소년을 위한 기후 이야기'를 통해 기후변화를 더 쉽게 이해할 수 있어요.

climateaction.re.kr/landing

내 탄소 발자국을 계산하고 줄여요

우리가 배출하는 이산화탄소 양을 줄이면 기후변화를 멈출 수 있어요. 그러기 위해서는 우선 내가 얼마나 많은 이산화탄소를 배출하고 있는지 알아야 해요. 책을 본 친구들이라면 이산화탄소 배출양이 '탄소 발자국'으로 찍힌다는 사실을 알 거예요. 내 탄소 발자국은 얼마나 많은지, 탄소 발자국을 줄이는 착한 제품은 무엇이 있는지 알고 싶다면 아래 사이트를 방문해 보세요.

한국 기후환경 네트워크 탄소 발자국 계산기

하루에 쓰는 가스, 전기, 물, 그리고 타고 다니는 교통수단의 종류와 이동 거리를 이용해 생활 속에서 배출하는 이산화탄소의 양을 쉽게 알 수 있는 계산기예요.

kcen.kr/tanso/intro.green

환경 성적 표지

이산화탄소를 적게 배출하며 만드는 제품은 저탄소제품 인증을 받아요. 어떤 제품이 인증을 받았는지 확인할 수 있답니다.

epd.or.kr

한국환경공단 탄소포인트제 참여하기

이산화탄소를 적게 배출하는 가정은 탄소포인트를 받을 수 있어요. 탄소포인트는 화폐처럼 쓸 수 있답니다. 우리 집이나 내가 사는 아파트 단지가 탄소포인트제에 참여하고 있는지 알아보세요.

cpoint.or.kr

지은이 마틴

안녕하세요. 마틴 도리예요. 나는 파도를 즐기는 서퍼이자 작가예요. 해변을 사랑하고 플라스틱 사용과 기후변화에 맞서 싸우는 활동가고요. 영국 콘월 지방의 바닷가 근처에서, 해초 박사라고 알려진 파트너 리지와 함께 살아요. 리지는 정원사이자 식물학자로 식물과 광합성, 그리고 온갖 신나는 것들을 가르쳐 준답니다! 우리 아이들 매기와 샬럿은 조금 떨어진 곳에서 밥이라는 개와 함께 살아요. 매기는 인명 구조원이고 샬럿은 자기 옷을 많이 만들어 입어요. 나는 서핑과 걷기, 야외에서 지내기를 좋아하고 채소를 길러 보려고 해요. 그리고 요리하기를 좋아하는데 특히 캠핑카를 타고 돌아다닐 때 요리를 많이 해요. 자전거, 해변 청소, 사랑하는 사람들과 함께 바닷가의 화창한 아침 햇살을 받으며 일어나는 걸 좋아하죠.

#2분재단

2분 재단(www.2minute.org)은 한 번에 2분씩 지구 청소에 힘을 기울이는 자선 단체예요. 기본 아이디어는 아주 간단해요. 바닷가나 공원, 어디든 갈 때마다 2분 동안 쓰레기를 줍고, 그 모습을 사진으로 찍어서 소셜 미디어에 올려요. 그렇게 다른 사람들도 자극을 받아 같은 일을 하게 하는 거예요.

    2014년 우리는 콘월 주변에 해변 청소 도구함 8개를 만들어서 사람들이 아주 쉽게 해변 쓰레기를 주울 수 있도록 했어요. 2020년 기준으로 그런 도구함이 800개가 넘었어요! 수천 명이나 되는 우리 팔로워들이 매일 해변 청소를 하고 생활 플라스틱 사용을 줄이고 동네 골목길에서 쓰레기를 주우며 지구를 돕고 있어요.

옮긴이 권가비

고려대학교에서 지리교육과 영어영문학, 미국 오스틴 소재 텍사스주립대학교 대학원에서 영어교육을 전공했어요. 영미권 문학 작품을 우리말로 옮기고 있지요. 번역서로 《내 인생 최고의 책》,《용서의 나라》,《나는 기억하지 못합니다》, 《소년의 블록》,〈익스플로러 아카데미〉시리즈가 있어요.

도전 기후변화

초판 1쇄 2025년 3월 27일

지은이 마틴 도리
그린이 팀 웨슨
옮긴이 권가비

펴낸이 김한청
기획편집 원경은 차언조 양선화 양희우 유자영
마케팅 정원식 이진범
디자인 이성아 황보유진
운영 설채린

펴낸곳 도서출판 다른
출판등록 2004년 9월 2일 제2013-000194호
주소 서울시 마포구 동교로 27길 3-10 희경빌딩 4층
전화 02-3143-6478 팩스 02-3143-6479 이메일 khc15968@hanmail.net
블로그 blog.naver.com/darun_pub 인스타그램 @darunpublishers

ISBN 979-11-5633-672-3 73400

* 잘못 만들어진 책은 구입하신 곳에서 바꿔 드립니다.
* 이 책은 저작권법에 의해 보호를 받는 저작물이므로, 서면을 통한 출판권자의 허락 없이 내용의 전부 또는 일부를 사용할 수 없습니다.

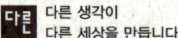 다른 생각이
다른 세상을 만듭니다

어린이제품 안전특별법에 의한 기타 표시사항
제품명 도서 | 제조자명 도서출판 다른 | 주소 서울시 마포구 동교로27길 3-10 희경빌딩 4층
제조년월 2025년 3월 27일 | 제조국 대한민국 | 사용연령 8세 이상 어린이 제품
주의사항 책 모서리로 인한 찍힘 또는 종이에 의한 베임에 주의하세요.